日本酒

ツク

Basic Lessons of
Sake

本

Winart BOOKS

「ワイナート」編集部・編　美術出版社

日本酒基本ブック 目次

Contents

巻頭特集 いま、純米の時代 4 Page

- 酒米五大品種 …… 6
  - ・山田錦・五百万石・美山錦・雄町・八反錦
- 頭角を現す第二世代 …… 11
  - ・越淡麗・出羽燦々
- 歴史のある個性的酒米 …… 12
  - ・愛山・金紋錦
- 今後期待の新品種 …… 13
  - ・彗星・吟のさと
- 注目の復活米 …… 14
  - ・強力・祝・亀の尾
- 飯米 …… 15
  - ・ササニシキ

第一章 米から作る酒 16 Page

- 米作りの現場から …… 18
- 「醸造」を比べる …… 20
- 原料処理 …… 22
- 醸造 …… 24
- 後処理 …… 26
- 日本酒の基本情報 …… 28
- コラム 生酛ルネサンス …… 30

第二章 日本酒を利く 32 Page

- 利き酒の作法 …… 34
- 外観を見る …… 36
- 香りをとらえる …… 38
- 日本酒の味を利き分ける …… 44

第三章 日本酒を嗜む

48 Page

日本酒カレンダー 50
酒の適温を探る 52
酒器にこだわる 54
マリアージュの提案 58
・唎酒師がすすめる寿司と日本酒の合わせ方
・シェフのひらめきが生む
日本酒に合うフレンチの皿
コラム フランス的日本酒マリアージュとは？ 62

第四章 酒蔵を訪ねる

64 Page

全国日本酒マップ 66
東日本の酒 68
・平孝酒造・惣誉酒造・渡辺酒造店・黒龍酒造
南部美人／新政酒造／勝山酒造／仁井田本家／宮泉銘醸／渡辺酒造／
島岡酒造／宮尾酒造／宮坂醸造／山梨銘醸／久保田酒造／青島酒造／
萬乗醸造／玉泉堂酒造／清都酒造場／宗玄酒造／木屋正酒造
コラム 酒の消費量が多い県民のアテって？ 95
西日本の酒 96
・増田德兵衞商店・旭酒造・司牡丹酒造・萱島酒造
油長酒造／喜多酒造／秋鹿酒造／西山酒造場／落酒造場／
白牡丹酒造／木次酒造／丸尾本店／川亀酒造／井上／
富久千代酒造／浜嶋酒造／熊本県酒造研究所
コラム 発酵食品で簡単アテづくり 119

空の旅のお供も
日本酒で!! 120
日本酒海外事情
海を渡る日本酒
欧米でもさらに
注目高まる〝ＳＡＫＥ〟 122
データ編 日本酒主要銘柄リスト 125
協力社一覧 156

巻頭特集

Special Feature

いま、純米の時代

Basic Lessons of

Sake

美味い酒を造るのに必要なのは、優れた醸造技術。そういわれた時代が変わりつつある。杜氏の知識、経験値、判断力。それは今なお酒蔵の知恵となり力であるが、人々は再び「米の酒」にも目を向けた。原点回帰。差別化を図りたい造る側は米を育て始め、本物志向が飲む側に米への関心を高めさせている。もはや純米だからいいというだけでは飽き足らず、ワインがそうであるように、品種への理解も深めようとしている。

酒米五大品種

昭和11年に登場以来、不動の王者として君臨する

山田錦

昭和11年に品種登録されてから、〝酒米の王者〟として君臨し続ける山田錦。飯米では品種改良が進み次々と新しい銘柄米がデビューする中にあって、登場以来約80年を経て今なお輝き続ける〝不世出の名酒米〟である。この米の優秀性にはまず、米質がやわらかくよい麹を造ることができるといった優れた醸造適性が挙げられる。さらには深く伸びやかな味わいを生み出す米として、とにかくそのうま味の載った味のよさから、多くの飲み手を魅了してやまない点が上げられよう。

山田錦があまねく利用されるようになったのは、吟醸酒ブームが勃興した昭和60年代以降のことである。久しく主産地である兵庫県を中心とする関西や、東日本でも一部のメーカーしか手に入らなかった米であったのだが、高精白が可能で芳醇な香味を生むところから、吟醸造りに適した米として一気に全国の酒造家からの需要が高まった。そして今や酒造好適米の中では作付面積ナンバーワンを誇り、全都道府県の酒造メーカーで利用される米になっている。一般米を含めてみても、いちばん多くの酒蔵で使われている原料米品種であることは間違いない。

果たしてこの米を上回る優秀な酒米は出てくるのだろうか、それは今世紀における日本酒の大きなテーマのひとつといっても過言ではないだろう。

東一 山田錦 純米酒

テイスティングコメント
複雑な味の構成に寄り添いながら、バナナやバニラを彷彿とさせる甘い香りが広がっていく。とうとうと流れる大河のように、太く濃密な味の線を保ちながら最後までゆったりとした飲み口を感じさせる。

アルコール度数：15度
容量：720ml
希望小売価格：1,296円
日本酒度：+1
酸度：1.7
精米歩合：64%
使用酵母：熊本系自家培養
杜氏名：林彰

注目すべき酒米

五百万石

日本海沿岸を中心に、幅広い地域で普及する

米どころ新潟の県産米生産量が、五百万石を突破したところから命名された。昭和32年（1957年）同県で開発されて以来、福井、富山、島根など日本海沿岸の各府県を中心に広く普及し、一時は酒造好適米の中でも作付面積第1位を誇っていたポピュラーな品種である。酒米の中では収穫時期が早い早稲種であることも、北日本や山間部の寒冷地で作付が広がった要因である。

この米で造った酒は、山田錦や雄町といった米に比べると幾分淡白な味わいになる傾向があるが、どこかしら植物由来の苦みを感じさせる落ち着いた風味に特徴がある。〝淡麗辛口〟を標榜する新潟酒も自県で開発したこの米の特性を踏まえて、すっきりとした酒質を確立した面があるといえよう。派手さはないが穏やかな食中向けの酒を生む米として、地域の食文化と寄り添ってきたことも、半世紀以上にわたり酒米のベストセラーとして定着してきた理由かもしれない。

酒造好適米の条件といわれる心白が大きく現れるのもこの米の特徴だが、でんぷんの組織がやわらかくなっているこの部分が大きいと、一方で高度に精米すると米が砕ける難点がある。優れた酒米でありながら、50％以下まで精米する大吟醸酒にはあまり用いられていない事情もそこにある。

一本義 純米酒

＊テイスティングコメント＊
かすかに熟したリンゴのような香気があり、落ち着いた酸味と苦みを伴ったほどよく熟した感触に、うま味を感じる。穏やかな含みとキレのよさ、すっと引いた後の余韻も心地よい。幅広い温度帯で楽しめる。

アルコール度数：15～16度
容量：720ml
希望小売価格：1,277円
日本酒度：非公開
酸度：非公開
精米歩合：65％
使用酵母：非公開
杜氏名：藤原悟（南部杜氏）

美山錦

寒冷な地域に広がり、若く可憐な酒質を生む

酒米品種の名称によく〝錦〟が用いられているが、これは米粒の中心部に発現する心白の部分を見立てた呼び名だという。心白はでんぷんの組成が薄く疎の状態になっているため白い結晶が出ているように見える。米の中央部にやわらかい部分があることこそが、麹菌が米の芯まで食い込み、さらにもろみの段階で米が溶けて味が出やすいという酒造米としての要件を満たすことになるのである。錦の名を抱くこの米も、同じく酒造好適米であるたかね錦の突然変異種として昭和53年（1978年）長野県からデビューした。耐冷性に強く寒冷地に向く品種として、現在も同県のほか、秋田、岩手、山形、宮城など東北地方で多く栽培されている。

概してこの米で造られた酒は、パンチの効いた濃厚な味わいというよりは、可憐でチャーミングな線の細い仕上がりになる。軽妙でみずみずしい感触にその特性を見ることができるのだが、酸味と渋みの若い印象から少々酒質の硬さをイメージさせるところも。どちらかというと熟成に向く品種というよりは、春先から夏までの早い時期に出荷される酒に向く米といえるかもしれない。関西以西でこの米を使用している例はあまり見かけない。東日本の酒蔵で多用されているのは栽培される地域性によるものと、淡麗な酒質を好む嗜好性に由来することも大きな理由なのだろう。

萩の鶴
純米吟醸

＊テイスティングコメント＊
若いブドウのような香り。リズミカルに細かく刻み込まれたような酸が口中に躍動する。その裏にふっくらとした米の感触がひっそりとたたずむ。太さや濃さを出す米ではないが、可憐でチャーミングな持ち味。

アルコール度数：15度
容量：720ml
希望小売価格：1,575円
日本酒度：+3
酸度：1.5
精米歩合：50%
使用酵母：宮城酵母
杜氏名：自社

雄町

濃醇な味わいが魅力の、江戸末期から続く最古参の酒米

幕末以来１５０年以上もの間、多品種との交配を受けることなく栽培されてきた純血種、雄《お》町《まち》。酒米、食用米を見渡しても、このように息長く栽培されてきた品種は珍しい。安政６年（１８５９年）に備前国・高島村雄町（現在の岡山市）出身の篤農家・岸本甚造により発見されたこの米は、時を経て、大正末期から戦前まで岡山県赤磐郡軽部村（現在の赤磐市）の村長を務めた加賀美章の尽力により、酒米として脚光を浴びることとなる。以後、今日まで赤磐地区の雄町の名声は不動のものとなった。

しかしながら昭和50年代には栽培面積がわずか6ヘクタールに落ち込み、絶滅寸前に。その後吟醸酒ブームが追い風になり再び増産に転じ、今では酒造好適米の中で作付面積4位になるまで復活した。全国各地で使用されデータも多く収集されている山田錦に比べると、まだ多くが解明されている米とはいえず、同じ横綱クラスの酒米として並び称されながら、造りにあたっては気むずかしい米ともいわれている。とくに米が溶けやすいため味が出過ぎないようにコントロールするのが、杜氏にとっては腕の見せどころ。がっちりとした味わいを引き出した際に真価を発揮する米ともいわれる。

燦然
特別純米酒

＊テイスティングコメント＊

濃密な味の芯となる部分に、しっかりした酸味が核のように据わり、それを包み込むやわらかな甘み。ふたつの味の要素が圧倒的な存在感を放っている。酸と甘みに特化した米の特徴を引き出している。

アルコール度数：15度以上16度未満
容量：720ml
希望小売価格：1,350円
日本酒度：+2前後
酸度：1.4前後
精米歩合：65%
使用酵母：きょうかい901号
杜氏名：菊池東

八反錦

酒どころ広島が育む、「八反」ファミリーの主力品種

西日本の銘醸地・広島を代表する酒米。正式には標高200～400メートルを栽培適地とする八反錦1号と、より高地や寒冷地での栽培に適する八反錦2号の2種に分かれる。またこれらの親にあたる八反（35号）は、そのルーツとなる八反草から続き大正時代以降、何度か改良を経て現在も作付され、八反錦とは別に酒造用として利用されている。これらを総称して「八反」と呼ぶケースもあり、最近では一連のファミリーとして八反草や、島根県から出た、改良八反流といった品種を八反として用いる酒蔵がある。

他県での栽培例もあるが、八反、八反錦ともそのほとんどが広島県で生産され、おもに県内の酒蔵で利用されている。

広島の酒というと芳醇で濃密な味わいに特徴があるが、八反錦で醸す酒の味にはいくらかさっぱりとした軽さと、植物特有の酸味を含んだ青みのある若い感触が感じられる。濃醇な風味となる山田錦、雄町とは一線を画したこの米の個性を打ち出しているところも、昔から高い技術が評価されている広島酒の実力といえるだろうか。栽培地域が広島県に限られている品種ではあるものの、一部は関東、東北地方の酒蔵にも移出されている。そのため、酒造好適米の中では全国5位の作付面積を誇っている。

酔鯨
純米大吟醸
旭友

＊テイスティングコメント＊
イチゴと生クリームを合わせたような、フレッシュな酸味と甘みが口中を行き交う。さっぱりとして軽快な土佐酒のアイデンティティに、この米のもつみずみずしい感覚が彩りを添えている。

アルコール度数：16度
容量：720ml
希望小売価格：2,711円
日本酒度：+6.5
酸度：1.6
精米歩合：40%
使用酵母：KA-1
杜氏名：土居教治

注目すべき酒米

頭角を現す第二世代

越淡麗

2大品種の掛け合わせによる、酒米のサラブレッド

酒米の最高峰としてゆるぎない地位を築いている山田錦。吟醸造りにおいてはとくにその優秀性を発揮する。だが、兵庫県を原産とするこの米での酒造りが、果たして他地域の酒蔵にとって本来の姿なのかという問いかけを生み、有名産地では、山田錦にも勝るとも劣らない自前の酒造好適米の開発を目指す動きが現れてきた。

越淡麗は地酒王国ともいえる新潟が、満を持して世に送り出した新品種。作付面積では酒米のトップと2位である山田錦と五百万石と掛け合わせた、いわばサラブレッド的品種。越後酒のトレードマークである〝淡麗〟を名に据えた品種であるが、味わいはむしろふくよかで濃厚に仕上がる傾向がある。その点では同県が生んだ酒米の代表品種、五百万石よりも、山田錦の特性が勝っているといえるだろうか。

鶴齢 純米吟醸

＊テイスティングコメント＊
熟した果実に似た香りのはざまで、米のもつふくよかな香気が揺れ動くように漂っている。太い味の主張を感じさせながらも、キリっとした辛さをもち合わせているところは、越後酒の共通項だろうか。

アルコール度数：15度
容量：720ml
希望小売価格：1,620円
日本酒度：+4
酸度：1.2
精米歩合：55%
使用酵母：G9
杜氏名：今井隆博

出羽燦々

銘醸地山形の人気と産地戦略を支えるエース品種

時代が平成に遷ると、各地で酒造組合と酒造技術の指導にあたる工業技術センター、米の育種を手がける農業試験場が、官民一体となって新しい酒造好適米の開発に乗り出すようになる。

そのような機運がとくに高まってきたのが東北地方である。元来わが国を代表する稲作地帯である東北で、山田錦に対抗できるオリジナルの優秀な酒米を生み出すことは、宿願でもあった。山形県を代表する名山「出羽三山（月山、湯殿山、羽黒山）」をもじって命名されたこの品種は平成7年にデビュー。同時に、酵母や麹菌も山形産のオリジナルにこだわった「DEWA33」という統一銘柄の純米吟醸酒が、県下の酒蔵から売り出されている。地域ブランドを発信するという戦略も功を奏し、現在山形の酒は人気実力ともに地酒産地の中ではトップ集団を快走している。

はくろすいしゅ 純米大吟醸

＊テイスティングコメント＊
イチゴやバナナなどを思わせる香ばしくクリーミーなタッチ。やわらかくふくらむ感触とふわりした軽さが共存し、澄んだ北国の空を思わせる透明感のある酒質に、縦横に張り出す緻密な味わいがある。

アルコール度数：16.5度
容量：720ml
希望小売価格：2,700円
日本酒度：+1
酸度：1.2
精米歩合：39%
使用酵母：山形酵母
杜氏名：本木勝美
その他：仕込み水は月山深層米。

注目すべき酒米

歴史のある個性的酒米

芳醇旨口のトレンドに合う、独特な甘みが特徴

愛山

〝芳醇旨口〟と呼ばれる昨今の酒質トレンドの中、にわかに注目を集めるようになってきた品種が愛山《あいやま》である。もち米の血が混ざっているといわれるように、芯に根ざした独特の甘みを感じさせるのが特徴。父方は山田錦と雄町の交配種という血統の優れた品種だが、この両品種だけでなく、ほかの米とは明確な味の個性の違いをもっている。

開発されたのは戦後間もない昭和24年（１９４９年）。大粒が条件である酒造好適米の中でもとくに大きな品種であり、心白も非常に大きく現れる。そのため米の中心部がやわらかく甘みが強く出る。ともすれば雑味が出たり、甘みが重く残って酒がぼってりした印象になるというリスクもある米だが、そのハンディをうまく御しながら酒造りにあたる醍醐味が、多くの造り手をひきつけているのかもしれない。

＊テイスティングコメント＊

含むとパイナップルのような甘酸っぱい感触がはじける。若くてまだ硬さや渋みがのぞくが、それらを補う太い甘さが全体を司る。ほろほろと米の甘みが溶け出してくるような独特な感覚が、最大の特徴だ。

アルコール度数：16度
容量：720ml
希望小売価格：2,700円
日本酒度：+5
酸度：1.2
精米歩合：40%
使用酵母：アベリア酵母
杜氏名：木下大輔

天吹
裏大吟醸 愛山

北信濃だけで栽培される熟成に向く好適米

金紋錦

平野部が少ない山岳県の長野では、山あいの中に広がる平坦な地域に「平」の字を充てて呼び習わしている。米作りの拠点として地域の人々の生活を支えながら、それぞれ独自の経済圏を形成してきた。新潟県境の木島平も、県北東部を代表する稲作地帯。この地区のみで栽培されている、金紋錦という酒米がある。

どちらかというと熟成に向くといわれる品種で、奔放に味の要素が溶け出すというよりはじっととどまったような感触で、落ち着いた風味を醸し出すところに定評がある。以前は県外のある中堅蔵元が契約栽培し、その蔵だけで使用されていたのだが、最近はこのエリアで操業する酒蔵でも使われるようになり、少しずつ知名度も上がってきた。地域に多様性があり、酒蔵の数も多い長野県は、このほかにも美山錦、ひとごこち、しらかば錦といった酒米がある。

＊テイスティングコメント＊

メロンやバナナのさわやかな果実香。引き際のかすかな苦みにエッジが効いている。含んだときの軽やかな印象から、伸びやかな味の厚みが広がる。端正で緻密な味の構成に、好適米の資質を感じる。

アルコール度数：15度
容量：720ml
希望小売価格：1,512円
日本酒度：+1
酸度：1.7
精米歩合：59%
使用酵母：きょうかい7号
杜氏名：鈴木政幸

水尾
特別純米酒 金紋錦仕込

注目すべき酒米

今後期待の新品種

彗星

豊かな味わいで
注目される、
道産酒造米の新星

うるち米の生産量で全国一を誇る北海道。銘柄米として定着した、きらら397も一部の蔵で酒造りに使われるが、独自に開発した初雫、吟風という酒米もあり、後者は酒造好適米の作付面積ではベスト10に入る品種で、道内だけでなく本土の酒蔵にも移出される。このふたつの米を掛け合わせ、次世代の新品種として登場したのが、彗星である。

北海道の酒は低温で発酵が進み熟成も遅くなるため、比較的若くあっさりした味わいになる。彗星で仕込んだ酒には、その特徴を備えながらも、ほんのりとした味のふくらみがあるように感じる。地球温暖化の影響だろうか、北の地域で収穫される農作物が以前に比べ味が載ってきているという話を聞くが、果たして酒米においてもそのような現象が起きているのか、興味深い。

吟のさと

山田錦を超えるか、
新世代酒米の
ダークホース

主産地の兵庫に次いで、山田錦の収穫が多いのが福岡県。この米の優秀な性質をもとに、その名の通り吟醸造りに熱心な北部九州の酒蔵に向けて開発されたのが、吟のさと。背が高く強風で倒れやすい山田錦の難点を克服し丈を短くしたほか、収量を高めるなどの改良点が挙げられるが、それ以上に注目したいのは伸びやかな味わいを生むところだ。この米で造った酒には、山田錦の「味わいの要素をバランスよく配し堂々とした風味」の片鱗を感じさせる面がある。各地で〝プチ山田錦〟的な酒米が登場しているのだが、この米にはそれら以上の相似性や九州の酒に適合した風土性がある。

収量の多さもさることながら、温暖な九州を出自とするため温暖化対策という点でも期待される。味わいと栽培適性という点で〝ポスト山田錦〟の可能性を秘めた新品種である。

菜々《さいさい》 純米酒

テイスティングコメント
バニラ様の甘やかさの後、シャープな酸味が駆け抜ける。強い酸の残像が後口の辛さを呼び起こすが、ほかの要素も引き出し一体感をもたせる。九州特有のしっかりした体躯と、母なる山田錦の片鱗が。

アルコール度数：17度
容量：720ml
希望小売価格：1,404円
日本酒度：+2.0
酸度：2.3
精米歩合：65%
使用酵母：熊本酵母
杜氏名：岩根豊生

金滴 彗星 手造特別純米酒

テイスティングコメント
ほのかにメロン様の香気、その後すっと引く軽さにさっぱりした道産酒の個性を感じる。酸味は穏やかだがひっそりとした甘みが宿り、確かに残るふくらみに、従来の道産米の酒とは異なる含みの厚さが。

アルコール度数：15～16度
容量：720ml
希望小売価格：1,130円
日本酒度：+3
酸度：1.7
精米歩合：55%
使用酵母：自家培養ブレンド
杜氏名：川端慎治

注目すべき酒米

注目の復活米

強力

濃醇型酒質を生む、西日本を代表するいにしえの酒米

昔の品種の名前を眺めていると、米の増産と国力増強を願う勇ましいものが多い。明治中期に鳥取県で育成された強力《ごうりき》もその例にもれず、その名を反映してがっちりとした濃厚で太い味わいの酒を生み出している。

そもそも山陰地方の酒は概して酸やアミノ酸が豊富で、醇味のある力強い味わいに共通性がある。近年鳥取の酒蔵は、そのような特徴を踏まえた純米酒に特化していこうという方向性を打ち出している。

その戦略を担って鳥取酒の風土性を打ち出していく上で、要となる存在の米と言えるだろう。

日置桜 伝承強力 純米吟醸

テイスティングコメント
厳しい酸が直線的に走り、後から苦み、甘みなどが徐々に顔を出す。求心的に働く酸の存在が終始ドライな印象を与え、洗練された現代の純米吟醸酒とは、一線を画した野趣のある味わいがある。

アルコール度数：15度以上16度未満
容量：720ml
希望小売価格：1,728円
日本酒度：+10
酸度：2.1
精米歩合：49%

祝

古都・京都の伝統とモダンな雅味を伝える復活米

昭和8年に誕生し、同48年まで京都府の奨励品種とされていた祝は、比較的〝新しい〟復活米だ。高度経済成長に伴って需要が増大する伏見酒の原料の一角を担ってきたが、収穫量が少なく、昭和50年代にはまったく作付されなくなってしまった。平成に入り地域独自の個性をもった高品質酒に付加価値を求める時代の趨勢が、この米に再びスポットを浴びせたのである。

祝で醸した酒は、穏やかなタッチの中にさわやかな果実のような感触が潜む端正な味の趣き。伝統と革新性を備えた、今日の京都を表わすに相応しい米かもしれない。

英勲 古都千年 純米吟醸

テイスティングコメント
鋭角的に酸味が切れ込んできた後、次第にほどけていくふくよかな味わい。米のうま味をコンパクトに閉じ込め、落ち着いた風味が特徴。京料理との相性も抜群だ。

アルコール度数：15度
容量：720 ml
希望小売価格：1,620円
日本酒度：約+3
酸度：約1.3
精米歩合：55%
使用酵母：非公開
杜氏名：森口隆夫

亀の尾

全国的な人気を誇る、復活酒米の先駆

明治26年、山形県庄内地方で冷害の年に立派に実った稲穂が発見され、これをもとに育成した品種。東日本の代表品種として作付は拡大し、ササニシキ、コシヒカリも来歴をたどるとこの米に行き当たる。

昭和57年新潟県の久須美酒造がこの米を用いた「純米大吟醸・亀の翁」を発売。復活に取り組んだドラマは人気劇画『夏子の酒』のモデルにもなり、各地で復活品種による酒造りの潮流を生む契機になった。

元来飯米品種のため、ふくらみの少ないあっさりとした味わいになる傾向があるが、野性的な酸味や苦みを残した独特の風味。

鯉川 純米大吟醸

テイスティングコメント
香ばしい穀物固有の印象と、植物性の酸味、苦みが交錯する。いにしえの米の特性が忍ばれる野趣のある味わい。太くかつ生々しい野性的な酸が底辺を支え、味の輪郭を浮き彫りにする。

アルコール度数：16.6度
容量：720ml
希望小売価格：3,775円
日本酒度：+5
酸度：1.7
精米歩合：45%
使用酵母：山形酵母
製造責任者：高松誠吾

注目すべき酒米

飯米

ササニシキ

米どころ東北の象徴、淡麗な風味を生む〝準好適米〟

ワイン造りに用いられるブドウ品種が生食用に適さないように、酒造好適米が食用に供されているという話はほとんど耳にしたことがない。しかしながら私たちが身近に接している飯米の中で、実際に酒造りに利用されている例がある。その代表的なものがササニシキだ。今ではコシヒカリやひとめぼれに押され栽培量も逓減しているが、米どころ東北を支えてきた有力品種であることは誰もが認めるところである。

概してササニシキで醸した酒は味わいの線が細く、香味ともにさっぱりとした軽さが特徴である。酒造好適米に比べ味がのらない点が一般米全般に言える宿命である。しかしながらこの米を利用してすっきりと軽快な酒質に仕上げる酒蔵もある。主産地の宮城県や東北各県では、山田錦をはじめとする優良な好適米が手に入らず、吟醸造りでさえもこの米を使って全国鑑評会に挑んできた経緯がある。その中で培ってきたノウハウであり、硬い一般米を上手に処理してやわらかい酒に仕上げる、南部杜氏の技術力があったことも見逃せない。

ササニシキほど一般に知られる米ではないが、トヨニシキ（岩手、宮城）、アキツホ（奈良）、オオセト（香川）、松山三井（愛媛）、レイホウ（福岡）など、食用米ではあるものの酒造りに向く〝準好適米〟的な品種が各地に点在しているのだ。

鳳陽
特別純米酒

＊テイスティングコメント＊

ひっそりとした繊細な感触の中で揺らめく米のうま味。水に溶け込んだような透明感のある、すっきりした味わいが基調になっている。一般米の宿命として味の線は細いが、その分雑味も少なく端正な印象。

アルコール度数：15度
容量：720ml
希望小売価格：
1,512円（カートン付）
日本酒度：+5
酸度：1.4
精米歩合：55%
使用酵母：きょうかい901号
杜氏名：瀬川博忠

第一章

作る酒

Basic Lessons of Sake

Chapter 1

米から

弥生時代、口で噛み、それを吐き出し、
発酵させて酒を造った。
時の流れにしたがって、酒も進化し、
その造り方にはすぐれた知恵がこめられ、
酒蔵自ら米を育てる時代にもなった。
酒造り、それは蔵元の愛情物語である。

米作りの現場から

酒蔵の仕事は酒造り、米作りは農家の仕事。それが常識の日本酒の世界で、自ら酒米の栽培に乗り出した若き造り手、薄井兄弟。彼らの試みは今、新たなムーブメントを呼び起こしつつある。

新たな試みに挑む老舗酒蔵の11代目

日本酒は蔵人が叡智を尽くして米のうま味や風味を抽出した、いわば米のエッセンスだ。ただ、原料となるブドウの質を何より大事にするワイン造りと違い、日本酒造りでもっとも重視されるのは醸造の腕前。それゆえ酒蔵は酒造りに専念し、米は信頼できる農家から購入するのが、日本酒の世界では定番となっていた。

そんな中、米の栽培まで積極的に手がける独自の酒造りを推進。大きな注目を集めているのが、栃木県の酒蔵、仙禽《せんきん》の若き当主、薄井一樹さんと真人さんの兄弟だ。

仙禽は創業２０７年を数える栃木県最古の酒蔵。一樹さんは老舗の11代目に当たる。ただ、彼自身は酒造りを学んでいた頃から「ほかの有力酒蔵は年々、品質の向上が目覚ましい。仙禽も従来の酒造りを続けていてはダメだ」と強く感じていたそう。

仙禽が手がける米の主力品種は亀ノ尾。容易に言うことを聞かないむずかしい品種だが、うまく手なずければ個性に富んだ素晴らしい酒を生み出す。

そして、9年前に蔵へ戻った彼は、より個性的で魅力にあふれた酒を目指し、新たな取り組みをスタートする。そのひとつがフルボディで甘みと酸味が際立つ、斬新なスタイルの酒造り。そして、もうひとつが米に対する徹底したこだわりであった。

「仙禽では全国的に人気の高い山田錦を使っていません。それは酒米を選ぶ際、独自の魅力をアピールできる品種であること、そして自分たちが目指す酒の味にマッチしていることを第一条件にしたから。いろいろ試した結果、選んだのは亀ノ尾、雄町、愛山の3種類です。もっとも、うちでも初めから米を栽培していたわけではなく、当初は定評のある農家から米を買っていました。でも理想を追求していくうちに、米作りまで自分でやるべきだという結論に至ったんです」と一樹さん。

最大のネックは酒米の気むずかしさ

ちなみに現在日本で作られている米のうち、酒造用米が占める割合は5％程度。酒造好適米となると1％ほどしかない。とくに良質の酒造好適米は引っ張りだこで、価格も高騰し続けている。そうした中でコストを抑えつつ、酒のスタイルに合った米を確保するには、自分で栽培を行なうのがベスト。それは地域色のアピールにも有効というわけだ。幸い、

仙禽の酒造りを陣頭指揮する専務取締役の薄井一樹さん（左）と、その右腕として米作り、酒造りを支える常務取締役の真人さん（右）。日本酒界に名を轟かす若き兄弟だ。

幾多の苦労を経て気むずかしい酒米が実りのときを迎える

栃木県さくら市（旧・氏家町）産の雄町

仙禽のある氏家周辺は昔から名高い米どころ。そこで一樹さんは修行に出ていた弟の真人さんとともに、4年前から米の自社栽培に乗り出した。

「実際に米を作るとなると、クリアすべき課題がたくさんありました。田んぼを買うには農業生産法人の設立が必要ですが、その手続きだけでもかなりの時間がかかります。そして、何より大変なのは酒米特有の気むずかしさ。食用米は丈夫で栽培しやすい性質に品種改良されていますが、原種に近い酒米はずっと病虫害に弱い。また、食用米に比べ背が高く、台風でも来ればすぐ稲穂が倒れてしまいます。成熟にも時間がかかるので、食用米より深く土を耕して肥料を充分入れる必要があるし、収穫が10月に入ってからなので霜の被害を受けることもある。とにかく手間がかかるんですよ。それに加えて、稲の株が横に広がるので、植え付けの間隔を大きく取らねばならず、必然的に単位面積あたりの収穫量は少なくなります。実際に栽培を手がけてみて、酒米の値段が高い理由がよくわかりました」と真人さん。

このようにわがままな酒米の栽培に適した田の条件は、日当たりがよいうえに日中と朝晩の寒暖差が大きいこと、土のさばけがよく排水性にすぐれていること、土壌の栄養分が豊かなことなど。仙禽ではそうした条件が整った畑を厳選して購入、または農家から借り受ける。現在使用する酒米は、自社田で獲れたものと契約農家が栽培したものだけだ。

今や全国屈指の人気ブランドに

そうした取り組みの甲斐あって、仙禽の酒は高い評価を獲得。とくに、「木桶仕込み純米大吟醸 亀ノ尾19%」は平成22酒造年度全国新酒鑑評会で金賞に輝き、大きな話題となった。今や仙禽の名は全国でもトップクラスの人気銘柄となっている。

「4月に酒造りを終えると、すぐ田植えの準備が待っています。米作りも酒造りも、手がける人の気持ちの入り方が出来栄えへ如実に現れますから、つねに気を抜けず、大変なのは確かですね。でも、一から自分で育てた米を使うからこそ、うまい酒を造り上げたときの充実感も格別。将来的にはすべての酒造りを自社田の米で行なう、日本酒のドメーヌを目指していきたいです」と一樹さん。

最近では若手を中心に、米の栽培を手がける生産者が増えてきた。それは日本酒に新たな魅力をもたらす、画期的トレンドになるに違いない。

「醸造」を比べる

日本酒を語るうえで欠かせないのが「並行複発酵」と呼ばれる世界的に見ても珍しく高度な醸造法。これこそ日本酒ならではの豊かな味わいを生み出す源だ。

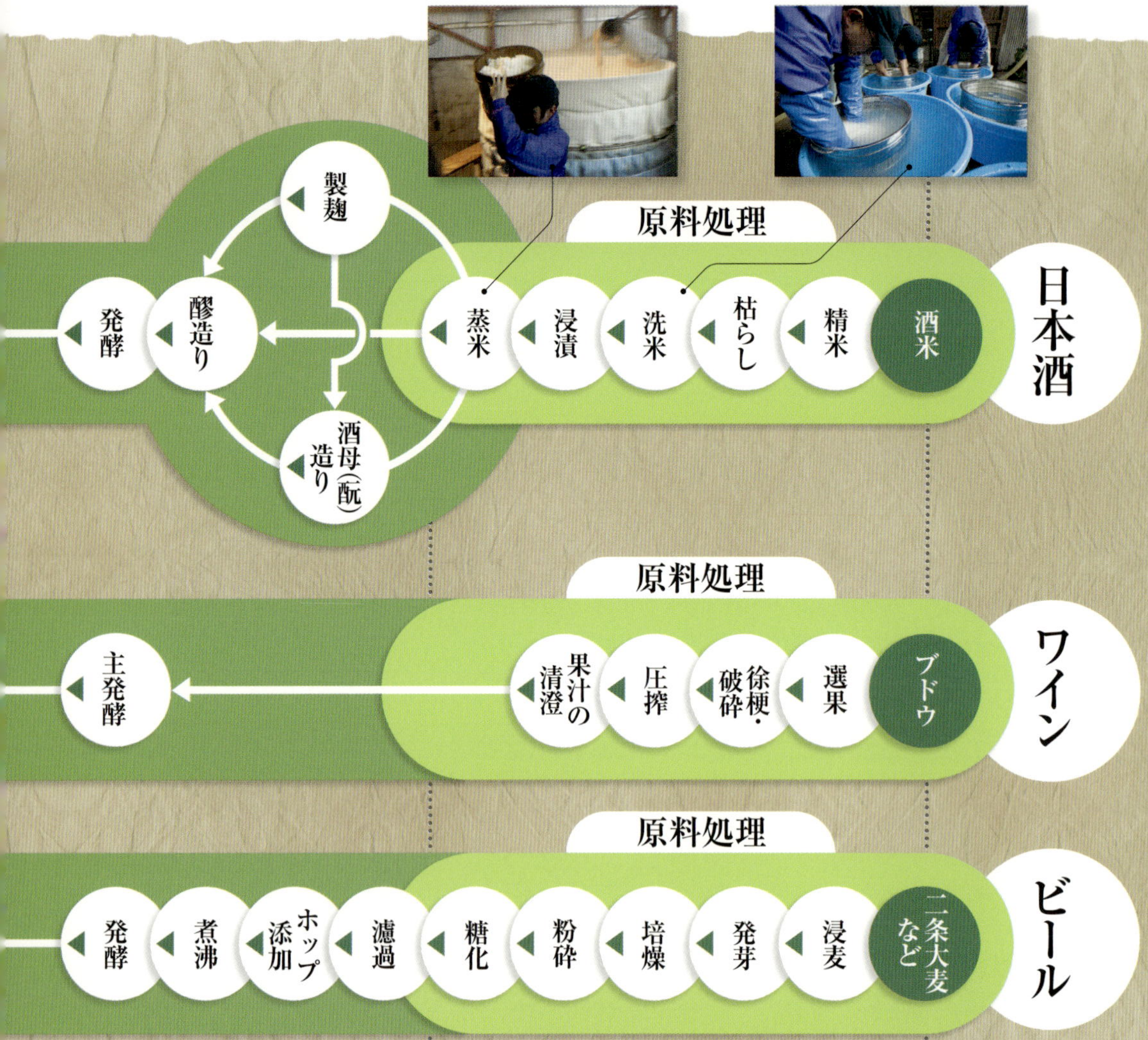

アルコール発酵の進め方に特徴が

製法から見た場合、酒は醸造酒、蒸留酒、混成酒の3つに大別される。日本酒はワインやビールと同じ醸造酒だが、その製法には大きな特徴がある。それは酒造りの中核ともいうべき、アルコール発酵の進め方だ。

この過程では酵母が原料由来の糖分を食べてアルコールを生み出す。よって、もともと糖分の豊富な果実などから造る酒は、原料に酵母を加えて直接発酵させればよい。こうした発酵を「単発酵」といい、ワインやシードルの醸造法はこのタイプだ。

一方、穀物のようなでんぷん質の原料を使う酒は、あらかじめでんぷんを糖分へ転換し、酵母が食べられる状態に変えてやらねばならない。このように糖化→発酵の段階を踏む方法を「複発酵」と呼ぶ。そして、複発酵を行なう酒の大半は、まず原料の糖化を完了し、その後で発酵に移る「単行複発酵」のスタイルを取っている。その代表格がビールだ。

糖化と発酵を同時に行なう高度な技術

では日本酒はというと、同じ複発酵でも糖化と発酵の工程を別々に行なうのではなく、同じ容器の中で同時に進めてしまう。この「並行複発酵」という醸造法が世界的にも珍しい、高度な技術なのだ。

日本酒ならではの豊潤で深い味わい、20度前後にも達する醸造酒としてはズバ抜けて高いアルコール分は、この並行複発酵の賜物。発酵の際、醪《もろみ》に含まれる糖分が多すぎると酵母の働きが低下してしまうが、日本酒は発酵を始めた醪へ段階的に蒸米を加え、それを糖化することで徐々に酵母へ糖分を与えていく。そのため、酵母が長時間、活発に働き、高いアルコール分と豊富な香味成分を生み出せるわけだ。

中国や韓国でも並行複発酵による酒造りは見られるが、技術的洗練度や完成度は日本酒が群を抜く。まさに杜氏たちが長い歴史の中で培ってきた、知恵と技術の結晶といえよう。

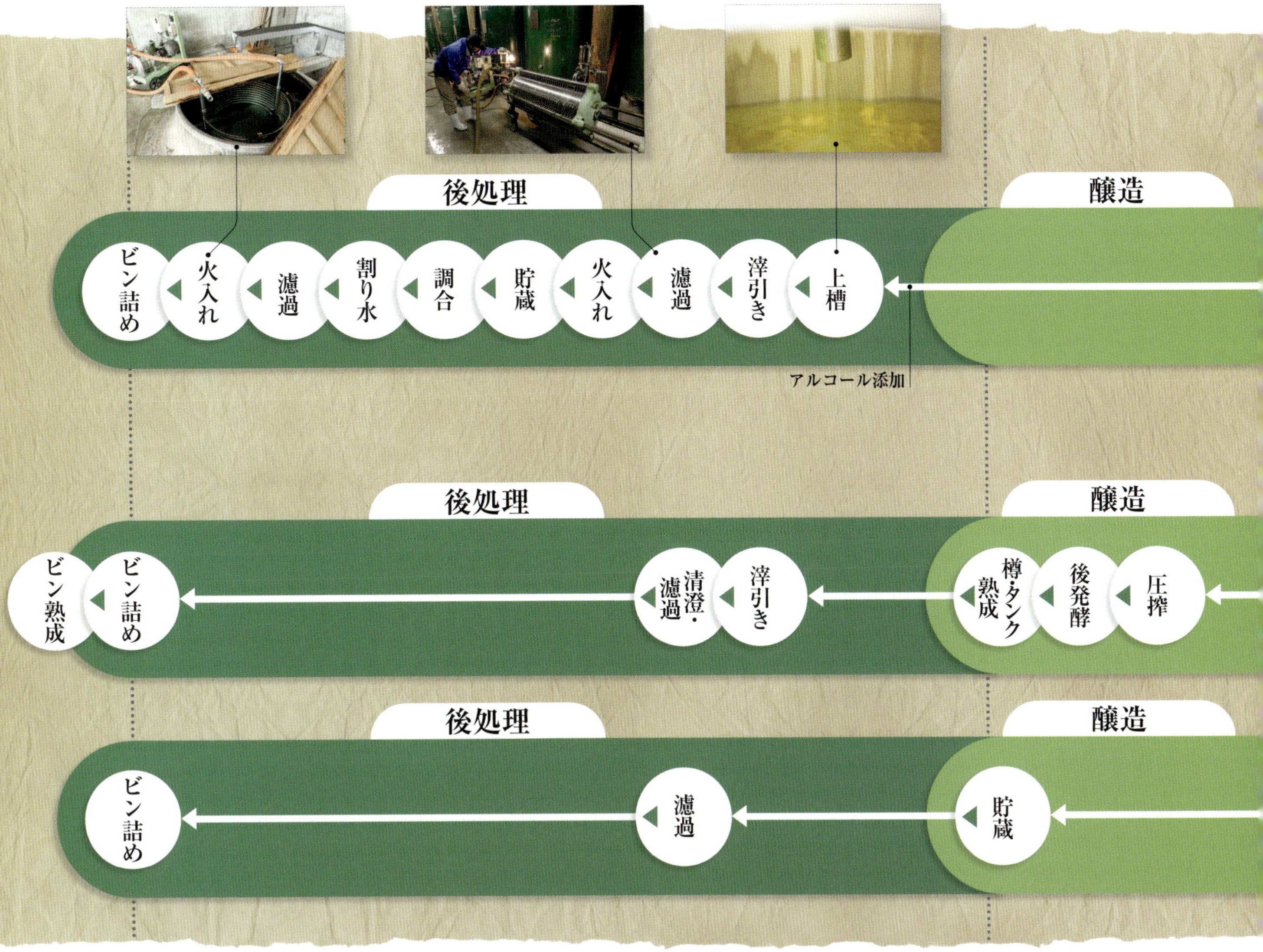

ワイン

収穫したブドウを選別し、赤ワインは破砕して皮ごと、白ワインは搾汁してから主発酵（＝アルコール発酵）を行なう。主発酵の後（赤ワインは圧搾後）に行なう後発酵は「乳酸発酵」ともいい、ワインの中のリンゴ酸を乳酸に変える工程（行なわない場合もある）。

ビール

麦を水に浸して発芽させ、ビールの種類（淡色～濃色）に合わせて焙煎する。砕いた麦芽に水を加え、麦芽の酵素ででんぷんを糖化。これにホップを加えてろ過、煮沸し、発酵させる。発酵を低温で行なうタイプをラガー、高温で行なうタイプをエールと呼ぶ。

日本酒

精米した米を研いで蒸し、その一部で米麹を作る。米麹と蒸米、水、酵母を混ぜて酒母を作り、醪に加えて発酵開始。その後、蒸米、米麹、水を何度か醪に加えて糖化と発酵を進める。発酵完了時に酒質安定などの目的でアルコールを加えることもある。

原料処理

日本酒の味の根幹を支えるのは原料の米。
その扱いひとつで酒の出来栄えは大きく左右される。
洗米の仕方や浸漬の時間、
蒸し上がった米の冷まし方など、
一見地味な作業もひとつとして気は抜けない。

1 精米

日本酒造りの第一段階は精米である。ただ、食用米の精米と違い、専用の精米機で米の外側を何割も削ってしまう。これは米の外側に含まれるビタミンやたんぱく質、脂質が雑味などの原因となるためだ。精米歩合（もとの玄米と精米後の米の重量比）は酒のタイプによって調整され、本醸造は70%以下、大吟醸では50%以下まで米を削る。また、精米後の米は摩擦熱で水分を失っており、割れや吸水ムラを生じやすい。そこで2～3週間落ち着かせてから（枯らし）、仕込みに用いる。

2 洗米

枯らしを終えた米は、表面の糠や不純物を落とすため洗米する。心白（米の中央にある白色不透明の部分）に近い部分まで精白する酒造用の米は、もろく吸水速度が速いので洗うときも細心の注意が必要。洗米の間に米は1～2%磨り減り、同時に10～20%の水を吸収するといわれる。そのため、洗米の際は目の細かいザルに米を入れ、時間を決めて手早くていねいに研ぐ。現在では機械での洗米も多くなったが、吸水の仕方で品質が大きく左右される吟醸酒は、今も手作業で行なうのが一般的。

蒸米の桶を担いで
次の作業へ急ぐ
酒造りは重労働だ

3 浸《しん》漬《せき》

米を水に浸け、必要な量の水分を吸収させる。おいしい酒を造るには均一、的確な浸漬が不可欠。米の吸水速度は気温、水温、湿度などで微妙に変化するため、浸漬時間は熟練職人が秒単位で判断する。

4 蒸米

糖化の効率を高めるため、米を蒸してでんぷんをアルファ化する。蒸す時間は通常40～60分。最終的な蒸し上がりは、職人が米を取り出し、指でこねた感覚から判断する。ベタつきがなく、内側が柔らかくて外側は適度な硬さであることが、よい蒸米の目安だ。蒸し上がった米は蔵人が総出で広間へ搬入。すぐにほぐしながら広げ、麹用、酒母用、掛米用それぞれの適温に冷ます。時間と競争の重労働である。

column

うまい酒を生む要は
豊富で良質な水

日本酒造りでは仕込みに加えて、洗米、蒸米、割り水、機材の洗浄など、さまざまな作業で大量の水が使われる。そして、できた酒の約8割を占める成分も水。当然、いい酒を造るには良質で豊富な水が欠かせない。酒造りに適した水の条件は、第一に清澄なこと。そしてカリウム、リン酸、マグネシウムを含んでいることが大事。これらの成分は麹菌や酵母の増殖を助け、活発な発酵を促してくれる。逆に、鉄やマンガンは酒の色と香味を損ねるため、酒造には有害だ。また、水の硬度も酒の味に大きく影響する要素。硬度の高い硬水で造られた酒は、キリッと締まった芯のある味わいとなり、硬度の低い軟水で造られた酒は、軽やかで淡麗な味わいとなる。

醸造

酒造りでもっとも重要とされる製麹、発酵をつかさどる
酒母の仕込み、そして段仕込みによる醪作り。
複雑で手間のかかる作業を繰り返した後、
ようやく発酵がスタートする。
日本酒は、まさに蔵人の労力の結晶だ。

一麹、二酛、三造り 製麹は酒造りでもっとも重要な工程

1 製《せい》麹《ぎく》

製麹は米のでんぷんを糖化する際の主役、米麹を作る作業だ。製麹を行なうのは、麹菌が好む35度前後に室温が保たれた麹室。ここに蒸米を運んで広げ、麹菌の胞子「種麹」を振り掛けて均一に混ぜる（床もみ）。10～12時間経ったら固まった米粒をほぐし、再び揉み合わせる（切り返し）。さらに10～12時間後、米に白い斑点が現れてきたら木箱に蒸米を移し、何度か攪拌しながら、麹菌の繁殖を待つ。

酒蔵は神聖な場所
神が見守る中で
美酒が育まれる

2 麹《こうじ》

米麹の完成は製麹開始から約2日後。麹菌の繁殖度合いにより、米全体に菌糸が繁殖した総破精（そうはぜ）型と繁殖がまばらな突き破精（つきはぜ）型があり、前者は濃醇な酒、後者は淡麗な酒に向く。

3 酒《しゅ》母《ぼ》

酒母は発酵をつかさどる酵母の培養液。製法によって、手間はかかるが濃醇な酒を生む生酛系酒母と、短時間でできて淡麗な酒造りに向く速醸系酒母がある。現在は速醸系酒母が主流。

4 醪《もろみ》

酒母に米麹、蒸米、水を加えて醪を仕込む。この作業は通常3段階に分け、4日かけて行なう（段仕込み）。この後、綿密な温度管理のもと、2〜4週間かけて発酵を進める。

後処理

発酵を終えた酒は、宝石でいえば原石。
醪を搾り、調合や割り水で味を調え、火入れで
品質を安定させるなど、この後も多くの工程で
酒質を磨かれる。そうしてやっと
輝かしい味わいの日本酒が完成するのだ。

醪から酒を搾る
人で言えばまさに
誕生の瞬間

1 濾過

発酵後の醪は、上槽（じょうそう）という作業で酒粕と酒に分けられる。方法は①醪を圧搾用の酒袋に詰め、「槽（ふね）」と呼ばれる圧搾機に敷き詰めて搾る、②醪を詰めた酒袋をタンクの中にぶら下げ、自然に滴り落ちる酒を集める、③圧搾用パネルを大量に重ねたヤブタ式の自動圧搾機で搾る、など。上槽後の酒はまだ濁りがあるので、しばらく寝かせて滓を沈め、さらに濾過機で微細な濁りまで取り除く。

ヤブタ式自動圧搾機

槽

袋吊り

不安定な日本酒が火入れによって真の完成を迎える

蛇管

瓶燗

2 火入れ

火入れとは、60～65度の低温で酒を30分ほど加熱すること。これにより、品質を損なわずに酵素の働きを止めて酒の変質を防ぎ、火落ち菌などを殺菌する。生酒などを除くと、火入れはろ過後と瓶詰め時の2回行なうのが基本だ。その方法は、お湯に浸した蛇管に酒を通したり、パネルヒーターを使うのが一般的。最近人気の瓶燗は酒を詰めた瓶ごと湯に浸す方法で、よい風味を逃さないのが美点だ。

3 瓶詰め

貯蔵と調合、割り水によって味を調えられ、2度目の火入れを終えると、ようやく日本酒は瓶詰めのときを迎える。精米からスタートして、ここまでに費やされた時間は少なくとも3カ月。瓶詰めの際は、異物などが混入していないか厳重にチェック。これをパスした後に出荷となる。また、長期熟成酒や古酒のような特殊な製品は、しかるべき環境に移され、さらに何年もの眠りにつくわけだ。

日本酒の基本情報

日本酒の造り方にはさまざまな規定があり、要件をクリアしたものはラベルにその旨を表示できる。いわば、ラベルはその日本酒の成り立ちを示す履歴書である。

ラベルは、日本酒の出自や特徴を読み解くヒント

ラベルは日本酒の顔であり、履歴書。趣向を凝らしたデザインで人々の目を惹き付けると同時に、酒の成り立ちに関するさまざまな情報を表示する役目も担っている。ただ、ラベル表示の多くには酒造業界の専門用語が使われており、記載の仕方にも決まりごとがある。表示の内容を読み解くためには、そういった専門用語を理解しておく必要がある。

たとえば、しばしば目にする「清酒」という表示は、酒税法上における一般的な日本酒の呼び名。これを記した酒は、原料に米を使うことやアルコール度数の上限などに加えて、醪をこして酒粕を取り除いたものであることが定められている。

また、原料名の表示については、使用した量の多い順に記載するのが決まり（水を除く）。輸入原料を使っている場合は、その原産国を明記。輸入した日本酒をブレンドした製品であれば、その原産国とブレンドの比率も記す必要がある。

ひと目で原料や精米歩合がわかる特別名称酒の記載

そうした表示の中でも、その日本酒の成り立ちや個性をつかむための大きな手がかりとなるのが、「特定名称酒」に関する記載。左ページの図にある、「大吟醸酒」「吟醸酒」「特別本醸造酒」「本醸造酒」「純米大吟醸酒」「純米吟醸酒」「特別純米酒」「純米酒」の8種類。これらはそれぞれ、使用原料や精米歩合、香味などについて満たすべき条件が定められている。よって、特定名称酒の表示を確認すれば、その規定に沿った特性をもち合わせた酒だと判断できるわけだ。

このほかに目を向けておきたいのは、定められた要件を満たす場合に限り、任意で表示を許される項目。たとえば「生酒」と表示があれば一切火入れなし、「生貯蔵」は瓶詰め時に一度だけ火入れしているという意味。「原酒」は割り水でアルコール分を調整していない酒、「樽酒」は木樽で貯蔵し、木の香りをつけた酒、「生一本」は単一の醸造場で造られた純米酒ということになる。

また、「極上」「優良」などの上質感を与える言葉は、一社で同じカテゴリーの酒を複数造っているとき、格付けが上位の酒に表示可。ただし、その場合も酒の原料の質がよいなど、表示の客観的裏づけが必要となる。

ラベルを読み解けば、日本酒の楽しみはより深いものになるのだ。

❶清酒
「清酒」であることを明記することが義務付けられている。「日本酒」と記載している場合もある。

❷原料名
純米酒系なら「米・米麹」、本醸造酒系ならこれに「醸造アルコール」が加えて記載することが義務付けられている。輸入原材料を使用している場合は生産国を、特定名称酒の場合は原材料名の近くに精米歩合を記載する。

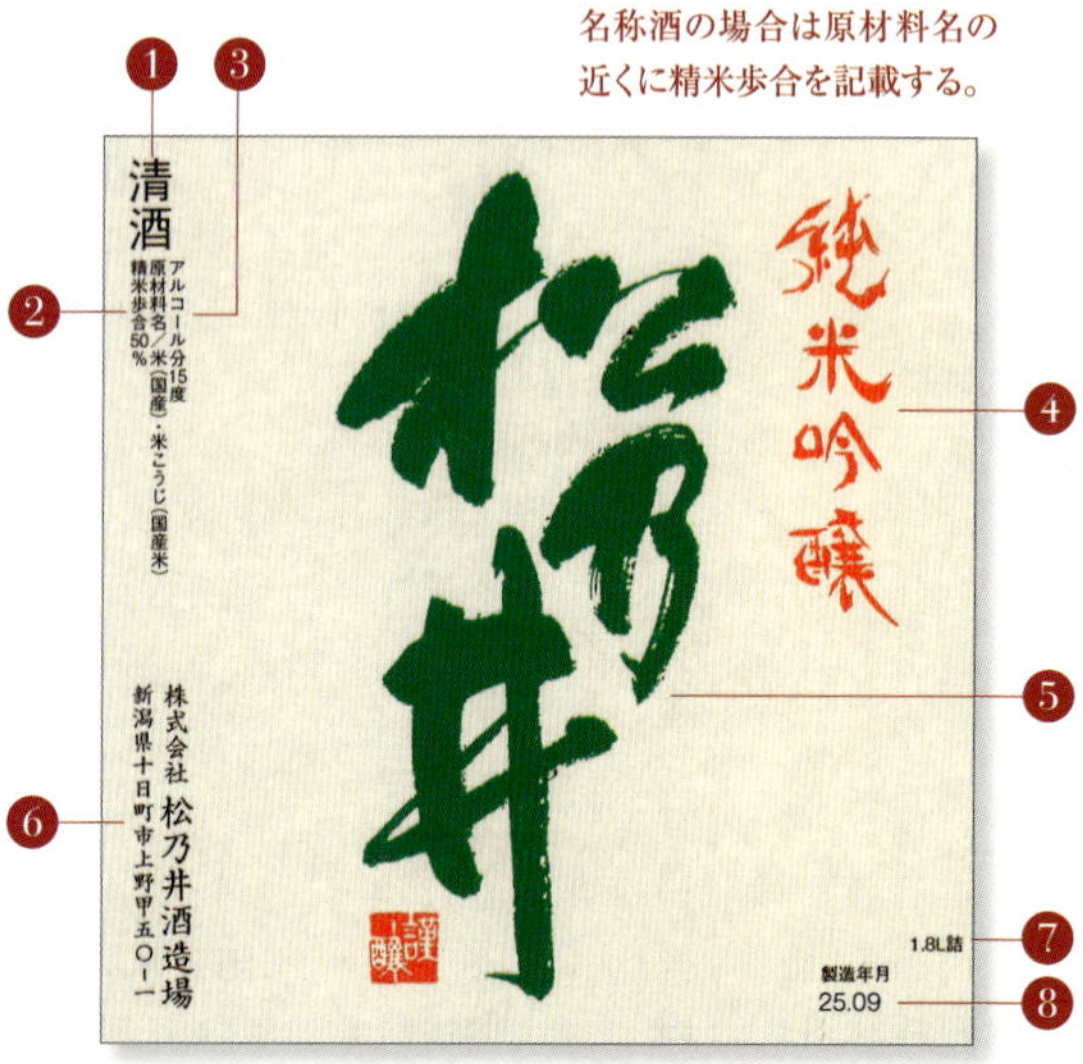

❸アルコール度数
記載義務事項のひとつ。1%の幅をもたせた記載が可能。

❹特定名称酒
特定名称酒の場合は、その種類の記載が義務付けられている。

❺商品名
単に商品名の場合、商品名がブランド名の場合、ブランド名＋季節商品名の場合など、酒造メーカーによってさまざま。

❻製造者の名称＋住所
記載義務事項のひとつ。

❼容量
記載義務事項のひとつ。

❽製造年月日
記載義務事項のひとつ。平成25年9月、25.09、2013.09、13.09、いずれかの方法で表記される。

取材／撮影協力
（20〜27ページ）

㈱松乃井酒造場
新潟県十日町市上野甲50-1
TEL: 025-768-2047
http://www.matsunoi.net

松乃井　純米吟醸
4,212円（1.8ℓ）

特定名称酒

特定名称酒は、「酒税の保全及び酒類業組合等に関する法律」に基づき、原料、精米歩合、製造方法など所定の要件に該当するものに、以下の名称を表示することが許されている。また、特定名称酒としての要件を満たしていないものについては、普通酒として分類される。

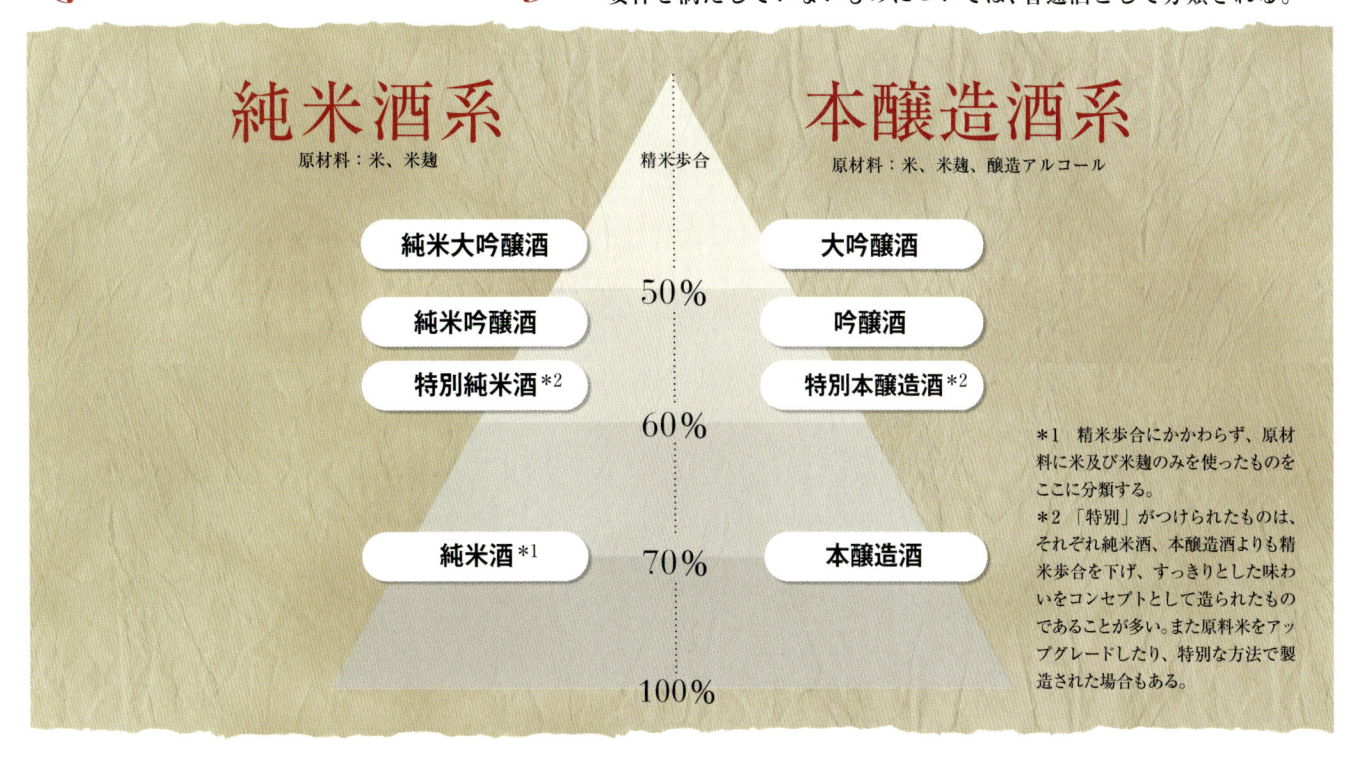

純米酒系

原材料：米、米麹

本醸造酒系

原材料：米、米麹、醸造アルコール

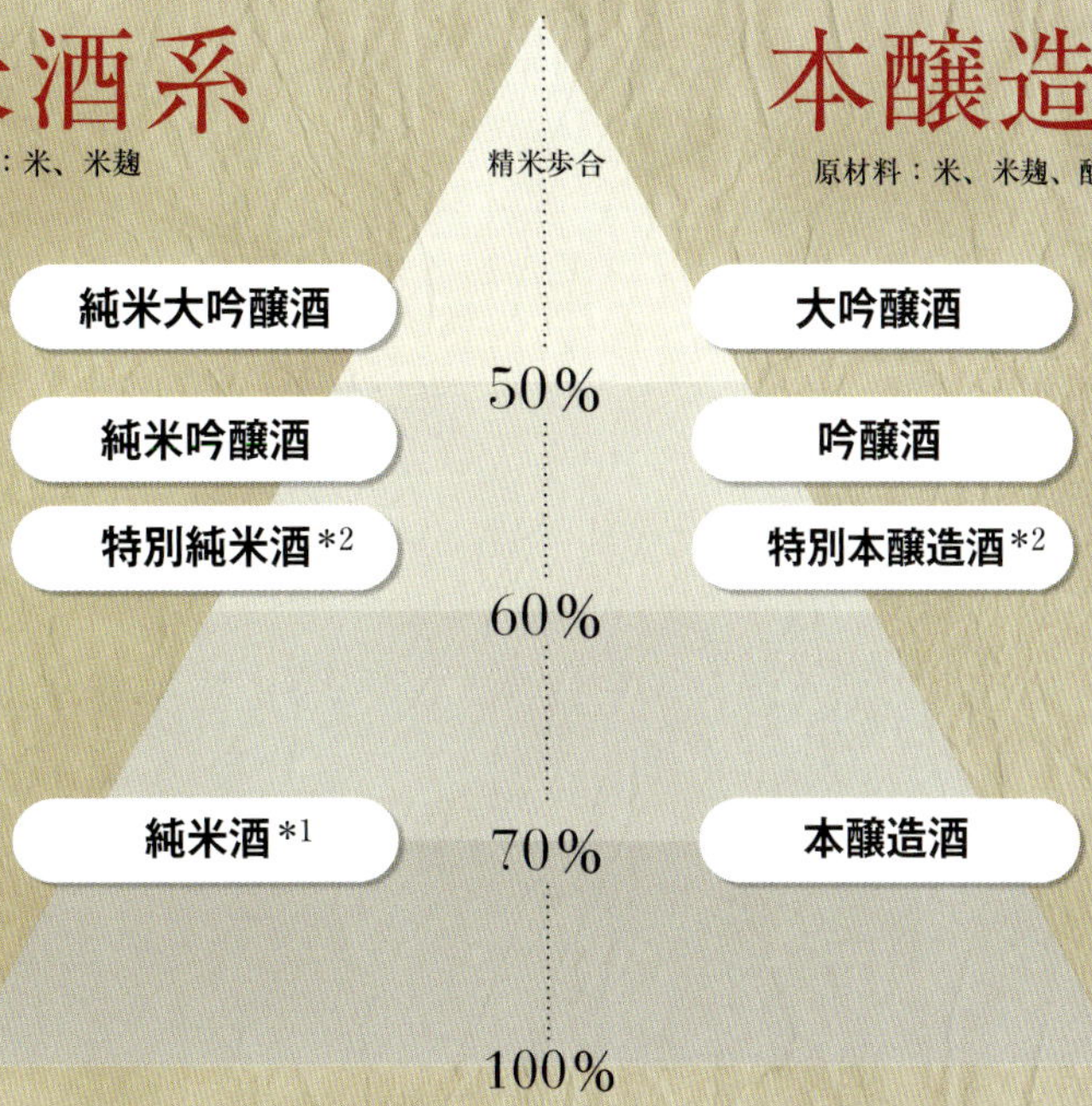

*1　精米歩合にかかわらず、原材料に米及び米麹のみを使ったものをここに分類する。

*2 「特別」がつけられたものは、それぞれ純米酒、本醸造酒よりも精米歩合を下げ、すっきりとした味わいをコンセプトとして造られたものであることが多い。また原料米をアップグレードしたり、特別な方法で製造された場合もある。

ラベル・裏ラベルからわかる酒の特徴

記載の少ないシンプルなラベルから、情報が満載のラベルまで多種多様。それらの用語を理解していれば、記載内容で、どのようなタイプの酒かはおおむね予想がつくはず。

無濾過生原酒

濾過も、火入れも、加水もしていない酒のこと。「無濾過」「生（酒）」「原酒」はそれぞれ単独で記載されることも多い。

中取り瓶火入れ

中取りは、上槽の際に2番目に採取する液体のこと。「中汲み」「中垂れ」とも呼ぶ。また「瓶火入れ」は、瓶のまま火入れを行なうこと。それぞれ単独で記載されることもある。

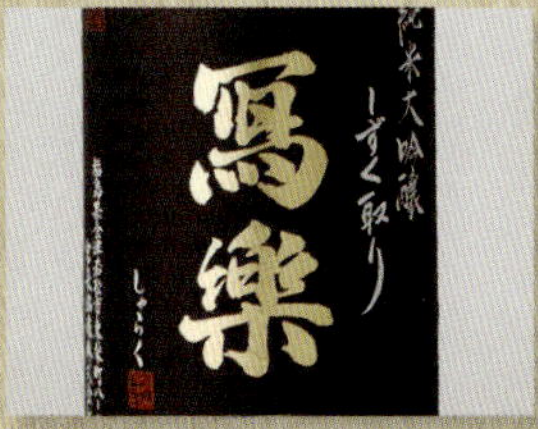

しずく取り

上槽の方法のひとつ、醪を袋に入れて吊り、そこから滴る液体を詰めた酒のこと。「袋吊り」「斗瓶囲い」「雫酒」も同様の意味。斗瓶囲いは、採取した液体を18ℓ入りの瓶に詰めたことに由来する。

山廃酛

自然界の乳酸菌を利用して酒母造りをする伝統的な製造方法、生酛造り（30ページ参照）から、山卸しという米をすりつぶす作業を廃止して日本酒を造る、山廃仕込みで造った酒のこと。生酛造りは全日本酒生産の1%程度、山廃仕込みは9%程度。

生酒／生詰め／生貯蔵酒

通常出荷までに火入れを2回行なうが、火入れをまったく行なわないものを「生酒」という。1回目の火入れのみのものが「生詰め酒」、2回目の火入れのみのものが「生貯蔵酒」。

原酒

通常、酒は加水してアルコール度を調整して出荷するが、加水を行なわずに出荷する酒のこと。

上撰

酒造メーカーによっては、かつての酒税法に基づく級別制の特級酒を「特撰」、一級酒を「上撰」、二級酒を「佳撰」として発売している。

ひやおろし

春先にできた酒を、一度火入れして、夏の間寝かせ、火入れせずに9月頃に出荷するもの。

あらばしり

上槽の際、いちばん最初に重力のみで滴る液体のこと。少量しかとれず、香気が強く、高価な商品となる場合もある。

日本酒度

酒の甘辛を示す目安となる数字。比重を利用して残糖を測って示すもので、一般に、+が大きいほど辛口で、−が大きいほど甘口とされる。

酸度

酒に含まれる酸の量を示す数字。一般に、数値が高いと濃醇、低いと淡麗とされる。

アミノ酸度

酒に含まれるアミノ酸の量を示す数字。うま味の要素ではあるが、多すぎると雑味を感じるようになる。

Column

生酛ルネサンス

近年「生酛」に取り組む酒蔵が増えてきている。
江戸時代より続くこの古い製法が、
なぜ現代にリバイバルしているのか。
天然の微生物の力を巧みに応用する神秘的な工程が、
造り手の挑戦意欲をかきたてているのだろう。

生酛のハイライトともいえる山卸しの工程。半切りと呼ばれる浅い桶に山のように盛られた蒸米、麹、水を3人ひと組で擂りおろしていく。かつては、米の精白が悪く蒸米をよく擂らなければ溶けないといわれていた。だが、その後精白度も上がり、麹の酵素が米を溶かすことも証明されたので山卸しを行なわなくなった。これが「山卸し廃止(山廃)酛」である。

自然界の微生物で酒母をつくる生酛系

そもそも「酛」とは、アルコール発酵を進める酵母を増やす工程のこと。酒母づくりと同じで、微生物である酵母菌をほかの雑菌に冒されることなく、いかに純粋かつ大量に増やしていくかがポイントとなる。現在では雑菌の侵入を防ぐために、あらかじめ乳酸を添加して酸性の強い環境を整える方法（速醸酛という）が主流だが、これに対して生酛は自然界に存在する天然の乳酸菌を取り込みながらそのような環境をつくっていく、伝統的な方法である。生酛の特徴ともいえる、米を擂りおろす山卸しの工程を行なわない山卸し廃止酛（山廃酛）を含め、生酛系（酒母）と総称することもある。

微生物の消長を巧みに応用した手法

生酛は、水と麹、蒸した米を混ぜ合わせるところからスタートし、まずは水に含まれる硝酸還元菌が活動を開始し、野生酵母などの働きを抑えていく。その後乳酸菌が現れ、強い酸性の環境ができあがると硝酸還元菌は姿を消す。同時に自分のつくった強い酸と酵母の造るアルコールによって乳酸菌も死滅。そして酸に強い清酒酵母が生き残り、本格的に活動していくことにな

生酛の難を乗り越え、味わいの違いを生むベテラン杜氏の力

天然の乳酸菌の力を借りながら、できあがるまでに25日から30日を要する生酛仕込みの場合、速醸酛に比べるとしっかりとした酸味を含んだ深みのある味わいになる傾向がある。醇味のきいた濃厚な味、なめらかな舌触りが、現代の嗜好の中で再び受け入れられ、燗に向くという酒質も評価されている。しかしながら暖気樽（だきだる）と呼ばれる中に湯を入れた容器を酛に入れたり取り出したり、温度を調節しながら乳酸菌や酵母を育てていかなければならず、その摂理を把握して作業を進めていくには、豊かな経験値と高度な技術が必要となる。

栃木県の惣誉酒造では、平成年間に入り山廃を造ってきた。十数年前には初めて生酛を導入し、双方を比較すると山廃よりも生酛の酒の方がキメ細かい出来に仕上がると言い、平成15年（2003年）以降は山廃をやめてすべて生酛にスイッチした。そこには、若い時分から宮城県の蔵で山廃造りに取り組み、その難しさを知り尽くしてきた南部杜氏の阿部孝男さんの力があったからだ。同じ生酛系と呼ばれる製法に含まれるものの、このふたつの酒質の間には微妙な違いがある。その豊かな経験をもとに、製法に沿った味わいを引き出していくには、このベテラン杜氏の技量が重要なカギを握っていた。

Power of Toji

酛タンクの中に入っているのは暖気樽（だきだる）と呼ばれ、木製やステンレス製の道具で中には湯を入れる。糖化や酵母の働きを進めたり抑えたりするために、酛の温度を上げ下げする必要がある。そこでこれを出し入れしながら、酛の温度をコントロールしていく。湯の温度、投入する時間、酛の中での動かし方など、暖気樽を操作するのも経験や技術が必要となる。

る。これには25日から30日を要し、その間温度を上げたり下げたりする作業が続く。

手間暇かかる工程が、魅力的な味を生む

手間と日数がかかるだけでなく、品質を安定させるのもむずかしく、以前は腐造（もろみが変敗して酒にならないこと）の原因になることもあった。そのため速醸酛が開発され、省力化も進み大量に酒が仕込めるようになったのだが、神秘的な工程に魅了される若い造り手も少なくない。生酛は江戸時代に確立されたといわれ、まだ充分に科学的な知識がなかったこの時代に、ほとんど経験則だけでこれだけ複雑な技術ができあがったというのは驚嘆に値する。

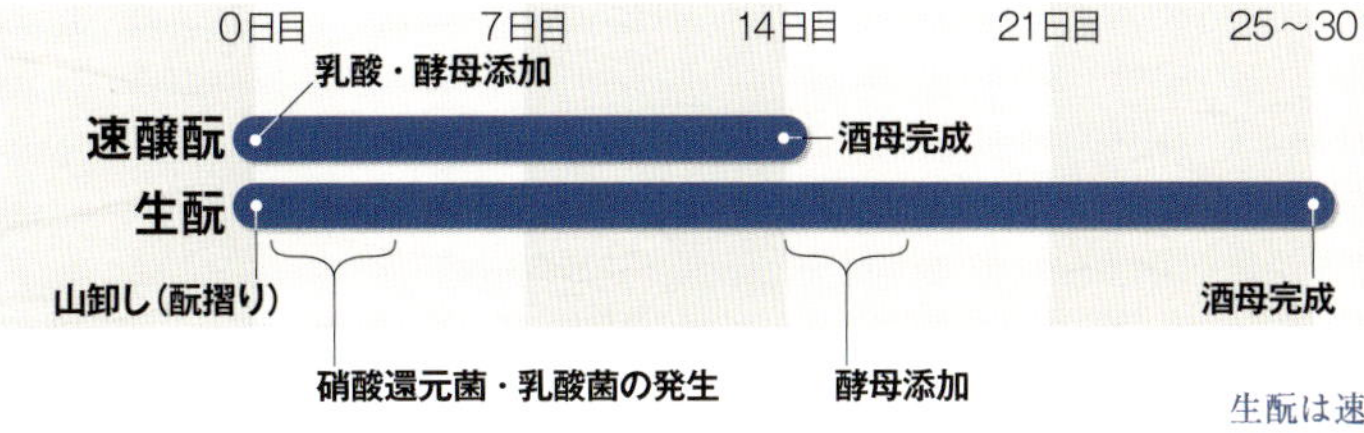

酒母づくりの比較

生酛は速醸酛に比べ完成までに10日以上日数がかかる。酒造りの大型化に伴い効率が悪いという理由から行なう蔵も少なくなっていった。

第二章

唎酒をテイスティングといい、
蛇の目の唎猪口が大きな存在感を誇示する一方で、
ワインのテイスティンググラスで酒を利く。
これは西洋の文化に迎合しているわけではなく、
日本酒のグローバリゼーション。
世界へ向けて羽ばたき始めた証である。

日本酒を利

Basic Lessons of Sake

Chapter 2

唎《きき》酒《ざけ》の作法

ここでは、唎猪口での作法ではなく、いまや一般的になったISO規格のグラスで酒を利く。作法の指南は、出羽薫（マンダリン オリエンタル 東京「鮨 そら」）。世界唎酒師コンクール優勝の技を学ぼう。

日本酒を注ぐ

テイスティング用グラスに注ぐ量は30ミリリットル程度が適量だ。次に日本酒の温度は15度くらいが理想とされる。温度が低すぎると香りが閉じたままだし、温度が高すぎると香りが開きすぎたりするので注意が必要。またグラスは必ず脚部分を持って、日本酒に手の温度が伝わらないようにする。さらにテイスティングは五感を駆使して行なうだけに、体調万全なとき、気持ちの落ち着いたときに行なう方がよい。

外観を見る

外観を見る際は、白い照明と白いテーブル（なければ白い紙類や布類）を用意し、まずは異物などの混入がない健全な状態であることを確認する。次に具体的な色調は、無色透明、ほぼ無色透明、やや黄色がかる、黄色、その他、のどれに当てはまるかを確認すればよい。慣れてくれば「輝きのある山吹色」「茶色がかった琥珀色」「清澄度高く、雪解け水のような透明感」などとコメントを展開すればよい。最後にグラスの内側に付着する雫（脚）をチェックすれば、速度や太さからアルコール度数やエキス分も判定できる。

香りをとる

香りが高いか低いか、複雑かシンプルかを、まず最初に確認してみよう。それができるようになったら、主体となる香りを探る。なるべく具体的な物をイメージしながら嗅ぐと記憶にも残りやすい。慣れてきたら、原料となる米のような香り、バナナやリンゴなど果物にたとえられることの多い吟醸香、熟成が進むと出てくるスパイスのような香りなど、その香りの由来を考えながらとる。最初はタイプの違う酒を数種類用意して、実際に比較しながら香りを嗅いでみるのもいい。ただし、アルコールの刺激で嗅覚が麻痺しない程度にとどめておきたい。

口に含む、味わう

口に含む量は5cc（ティースプーン1杯）程度、時間は10秒程度。最初に口に含んだ瞬間の印象であるアタックを強い、弱いで表す。次にキメ細かさ、硬さなどの食感（テクスチャー）をコメントする。さらに日本酒の味わいの核となるうま味をチェック。うま味が多ければ濃醇、少なければ淡麗と判定。その後甘み、酸味、苦みなどうま味以外の味わいを確認した後、鼻から息を抜き、含み香を見る。最後に舌の上に残る余韻を確認。甘口、辛口の判定は、香り、酸味、苦み、アルコールの刺激なども影響するため総合的に判定する。

スワリング

グラス中の液体を回すことを「スワリング」という。これをすると、グラス内の日本酒温度が上昇し揮発が高まり、さらに酸化が促進され香気の変化が起こる。とくに揮発性の高い吟醸酒は、スワリングによって華やかさが強調され、その特性が感じやすくなることも。ただし、過度なスワリングは香気が揮発したり、必要以上に酸化が促されるので注意。スワリング前後で香りが変化する日本酒は、多くの要素をもっていることが多い。

蛇《じゃ》の目《め》の唎猪口《ききちょこ》

蔵人が使用するこの酒器を「蛇の目の唎猪口」と呼ぶ。蛇の目とは、二重丸を塗りつぶした図形を指し、家紋や傘の模様などに使用されてきた。酒器の模様に採用されたのは約100年前（明治40年頃）。第1回全国新酒鑑評会の審査用として開発されたという。青と白の境目があることで、清澄度、透明感など外観の特徴が捉えやすいとされる。ただし、香りはワイングラスのような形状の方が捉えやすいので、目的に合わせて使い分けたい。

外観を見る

酒の色は無色透明のものが多く、
一般に外観だけで日本酒の
素性を読み解くことは難しい。
ここでは、タイプ、熟成、
劣化による色の違いを見る。

タイプ別に見る

濾過

醪の白濁した部分を上槽により分離。さらにフィルターや活性炭素により濾過することで無色透明となる。清澄度、透明感高く、典型的な無色透明の外観例。

熟成の度合いを見る

20年熟成

日本酒としてはもっとも色濃い外観。「レンガ色」「褐色」「赤みがかった茶色」などと表現できる。20年の刻を経ると、ここまで色調が変化することが確認できる貴重なサンプル。

10年熟成

5年熟成に比べると、さらにハッキリした色調に変化している。「典型的な琥珀色」「トパーズ色」、または「マホガニー色」などと表現できる。

5年熟成

3年熟成のものに比べると、色濃く、深みのある色調に変化している。「濃い山吹色」「典型的な黄金色」、または「淡い琥珀色」などと表現できる。

3年熟成

黄色っぽい色調に変化している。明るく、輝きがあり、「山吹色」「淡い黄金色」などと表現する。無濾過または劣化している外観とは異なり、ハッキリとした明確な色調。

無色透明だけではない日本酒の外観

日本酒の外観は、ほとんどが無色透明で同じ色と思われているようだ。確かに米の色は基本的に変わりはなく、多色なブドウを原料とするワインのように赤、白といった明確な差はない。しかし、熟成期間、濾過、精米歩合、上槽など、日本酒は製法の差により多彩な外観となる。にごり酒を見ればわかる通り、本来の日本酒は白濁している。この白濁部分を上槽時に分離することで、黄または薄緑がかった色調となり、次にフィルターや活性炭素を使った濾過を行なうことで無色透明となる。よって、濁酒、にごり酒は白濁した外観、濾過した日本酒は無色透明な外観、濾過しない無濾過表示の日本酒は黄または薄緑がかった外観となる。

日本酒は、熱や紫外線の影響でも変色し、劣化する。やや黄色くなった日本酒は、適切な管理がされていない倉庫などで放置され、熱の影響で着色したか、太陽光や紫外線を含む蛍光灯にさらされた影響で着色した可能性が高い。温度管理設備の乏しい昭和の時代においては、このような日本酒が多く出回っており、着色した日本酒イコール劣化した日本酒と認識されていたため、蔵元はすべての日本酒を無色透明に濾過せざるを得なかったのである。

発泡性酒

原酒

にごり酒

無濾過

泡立ちの大きさや持続性は、瓶内二次発酵、炭酸ガス注入法などの製法により異なる。また日本酒の場合、発泡性のものは乳白色または白濁しているものがほとんど。

原酒表示のものは通常の日本酒よりもアルコール度数が高い。そのため、グラスの内壁に脚が多く発現したり、ゆっくりと流れたりする。この状態を「粘性が高い」という。

にごり酒規格の日本酒は、このような白濁した状態であり、原料である米本来の色がもっとも反映された状態。また、炭酸ガスを含むものも多いので、泡立ちも確認するとよい。

濾過を行なわない場合は、このような淡い黄色もしくは淡い緑色となる。この場合ラベルには「無濾過」と表示されることが多い。

劣化の状態を見る

※外観だけでは、熱、紫外線の影響により劣化して着色したのか、無濾過、熟成により着色したのか判断できない場合は、香り、味わいのテイスティングを経て判定する。

紫外線劣化

熱劣化

正常

透明な瓶に詰めて直射日光に半日ほどさらした純米酒。紫外線の影響で若干黄色く着色。太陽の光だけでなく、紫外線を含んだ蛍光灯の下でも同様に変色するので注意が必要。

温度管理のされていない室内に数カ月放置した純米酒。熱の影響で若干黄色く着色している。温度管理されていない店で購入した日本酒は、このように変色している可能性が高い。

濾過をして無色透明に仕上げられた純米酒を、紫外線を完全に遮断し、10℃以下の冷蔵庫で保存したもの。透明感があり、清澄度も高く、無色透明の色調。

熟成酒、古酒の登場で〝価値〟となった色調

しかし平成になって、蔵元を出荷してから小売店、飲食店に届くまでの商品管理が飛躍的に向上したおかげで、着色していても正常な日本酒があることが認識されるようになる。その代表が、熟成酒や古酒と呼ばれる酒だ。時間を経過した酒は山吹色、琥珀色、茶褐色などに変化するが、これは日本酒中の糖分とアミノ酸が化合して起こる（アミノ・カルボニル反応）。着色度合いは、熟成期間や熟成中の温度によって異なる。熟成期間の長いもの、熟成中の温度が高いものほど色濃く変化する傾向。一般的には3～5年程度の熟成で黄色っぽく変化し、10年を超えると茶色がかってくるといわれる。ただし、マイナス5度などの超低温庫で熟成させた場合は10年経っても、色調の変化がほとんどない場合もある。

ほかにも、精米歩合の高い米を使用した場合、すなわち玄米に近い状態であればあるほど、黄色っぽい色調となるし、杉樽などで貯蔵した場合に、貯蔵容器の色素が日本酒中に溶け込み着色する場合がある。また、滓部分を混ぜた滓がらみ、滓酒などは薄く白濁するなど、日本酒にはさまざまな色調が存在する。テイスティングの際は、着色理由を探るとともに、飲用時にどんな酒器を使えば外観を活かせるかも考えたい。

香りをとらえる

ワイン同様、米を主原料とする酒からもフルーツや花、ハーブや乳製品の香りがするなど、信じられようか。感性を研ぎ澄まして、いろいろな香りを探してみよう。

日本酒は味わいだけでなく、香りを楽しむ酒類へと進化

リンゴ、アプリコット、梅の花、スペアミント、クレソン、ミネラル、生クリーム、トリュフ、バニラ……。これらはすべて日本酒に感じられる香りである。米、米麹、水を原料とする日本酒にこのような香りが存在するのかと疑問に思う方もいるだろう。確かに平成以前は米っぽい香りしかしない日本酒がほとんどで、香りについてコメントされることはほとんどなかった。酒器を見ても、香りを感じにくい形状の猪口などがほとんど。ここからも香りが重視されていなかったことが伺える。

しかし、平成に入る頃から新しいタイプの日本酒が次々に開発される。そして現在では、過去最高といえるほど多様化し、今までにはない香りをもつ日本酒が市場を賑わせている。その筆頭が吟醸酒や大吟醸酒だ。果物のような香りをもつ日本酒の登場により、日本酒の香りに注目が集まり「吟醸酒ブーム」が起こったことは記憶に新しい。この果実のような香りを生み出すのは酵母であるが、バナナのような香りを生み出す酵母、リンゴのような香りを生み出す酵母など、現在では何十種類も酵母が使い分けられている。ほかにも、乳酸菌の働きを利用した生酛仕込み、山廃仕込みの台頭、熟成酒、古酒の人気、生酒の流通が一般化し、無濾過、原酒、雫酒、あらばしり、滓がらみなど、さまざまなスペックの日本酒が登場し、香りのバリエーションは一気に広がった。これからの日本酒には、香りのコメントが重要なのだ。

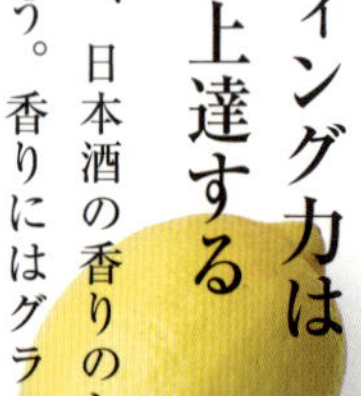

アロマホイールを活用すれば、テイスティング力は飛躍的に上達する

ではここで、日本酒の香りのとり方を解説しよう。香りにはグラスに注いだ状態を嗅ぐ上立香（トップノート、トップノーズ）と、口内に含んだ際に感じられる含み香がある。とくに含み香は、料理との相性など提供方法を考える際に大切な要素となるので確認を忘れないようにしたいところだ。

次に、日本酒の香りの由来は、原料、熟成、微生物（酵母）、微生物（乳酸菌）に大別できるが、香りを嗅いだらまず、甘み、酸味、苦み、うま味など、どの要素を思わせる香りがあるのかをチェック。左ページのアロマホイールを参照して、ふさわしい具体例を選び出そう。白桃やリンゴなどの果実的な甘い香りが感じられたら吟醸香が、ハチミツや黒糖のような甘い香りが感じられたら熟成香が特徴の酒だとわかる。なお、近年の日本酒の特徴として、原料香と吟醸香が感じられる純米吟醸酒、原料香と微生物（乳酸菌）由来香が感じられる生酛仕込み純米酒など、香りの要素が融合した日本酒が多くなっている。

また第三者に伝えるときは、「爽やか」「ふくよか」「華やか」「まろやか」などの簡単な形容詞を加えて説明するとイメージが伝わりやすくなる。「イチゴやオレンジのような華やかな香り」「生クリームやバターのようなまろやかな香り」などと具体例と組み合せるとなおよい。

コメントの完成度を高めるには、少しでも多くの食品の香りを記憶し、コメントに反映させる努力を続けることが大切。アロマホイールなどのツールを活用することで、他者よりも早い習得が可能になるだろう。また、アロマホイールの中に自分の使いやすい具体例を加えることで使い勝手もよくなるし、オリジナル性も生まれるのでおすすめしたい。

アロマホイール

4 熟成由来香

1 原料由来香

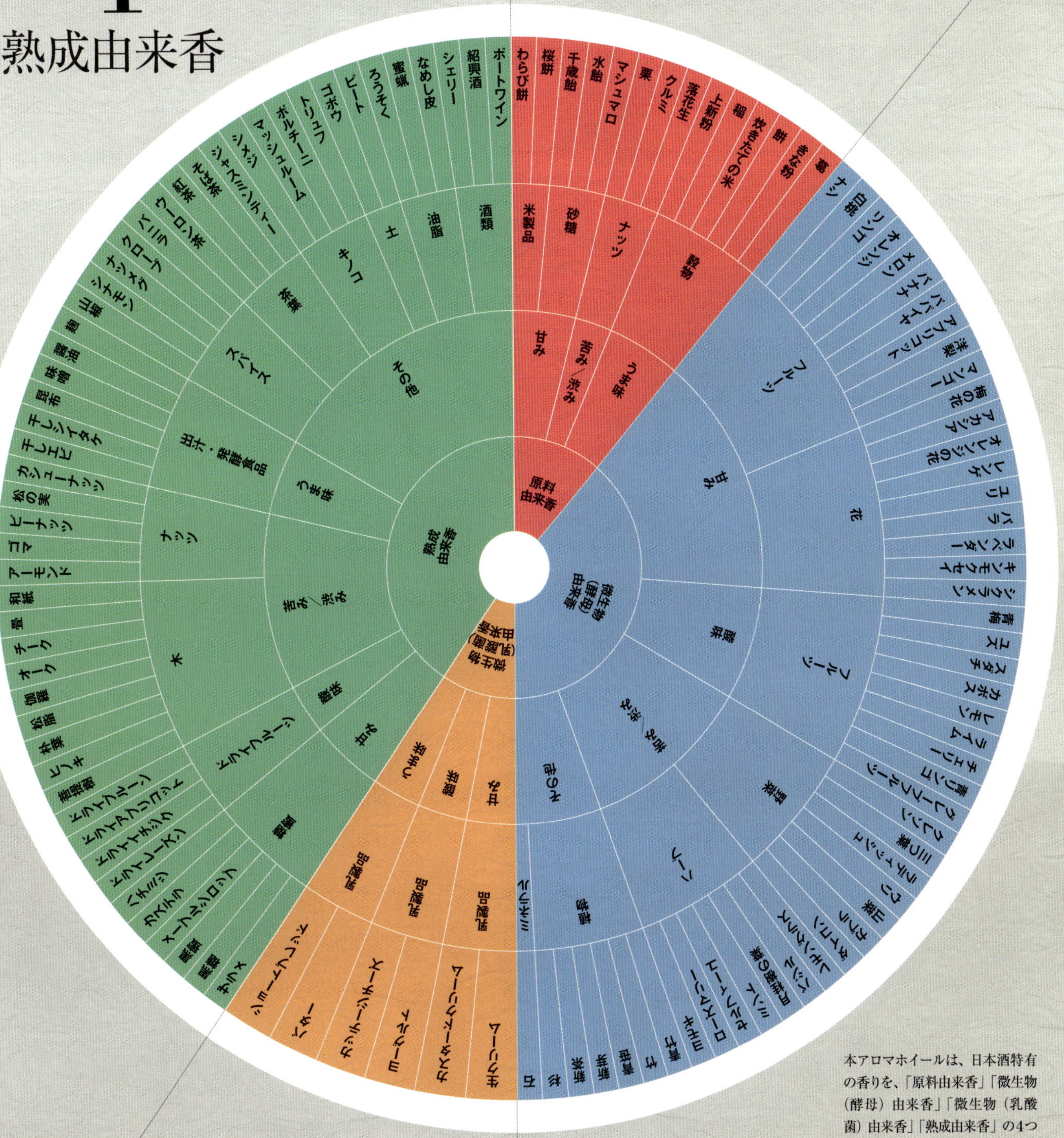

3 微生物(乳酸菌)由来香

2 微生物(酵母)由来香

本アロマホイールは、日本酒特有の香りを、「原料由来香」「微生物(酵母)由来香」「微生物(乳酸菌)由来香」「熟成由来香」の4つに大別し、それぞれに「甘み」「酸味」「苦み／渋み」「うま味」「その他」を思わせる具体例を挙げ、さらにイメージしやすい言葉も添えている。香りのコメントを作成するときに参考にしてみよう。イメージでコメントするのではなく、自身が覚えている具体例を挙げたり、他人がイメージできるような一般的な具体例を挙げることを心掛けたい。テイスティングとは、第三者に日本酒の特徴をわかりやすく伝えることも大きな目的なのだから。

苦み／渋み

苦みや渋みを思わせる原料香のたとえとして、カブ、ダイコン、ラデッシュ、ウリ、山菜のような「清涼」「清々しい」印象の具体例が挙げられる。また、苦みや渋みを思わせる香りはアルコールに由来する場合もある。

甘み

甘みを思わせる原料香のたとえとして、白砂糖菓子（マシュマロ）、黒砂糖、水飴、わらび餅、さくら餅のような「ふくよか」「豊かな」印象の具体例が挙げられる。

1 原料由来香

米、米麹を原料とする日本酒の核となる香りで、とくにうま味を思わせる要素が中心となる。純米酒や精米歩合が高い（精白率が低い）スペックのものに強く感じられるが、吟醸酒、大吟醸酒のように精米歩合が低い（精白率が高い）スペックのものの発現は弱い傾向にある。次に本醸造酒や普通酒なども醸造アルコールが添加されている分、原料香がいくぶん薄まって感じられることがある。吟醸酒は吟醸香、原酒はアルコール臭、生酒は生酒特有の香り、原酒は熟成香など、原料香を上回る香りをもつ日本酒も多く存在する。だが、いずれにしても日本酒の中に必ずある香りなので、テイスティングを行なう際は原料香の発現がどの程度なのかを確認し、的確な具体例を挙げることを心掛けたい。また原料香が明確なものが「日本酒らしい香り」と言われることも覚えておくとよい。

うま味

うま味を思わせる原料香のたとえとして、炊いた米、白玉粉、餅、きなこ、麹、稲穂、藁、玄米、栗など「ふくよか」「芳醇」「まろやか」「深みのある」印象の具体例が挙げられる。

甘み

甘みを思わせる吟醸香のたとえとして、メロン、バナナ、リンゴ、オレンジ、パパイヤ、マンゴーなどの果実、またはユリ、バラ、ラベンダー、キンモクセイなどの花のような「華やか」な印象の具体例が挙げられる。

2 微生物(酵母)由来香

吟醸酒や大吟醸酒にみられる特有の香りを吟醸香と呼ぶ。果物、花、香草などにたとえられる、この吟醸香を生み出す役割を担うのが酵母だ。酵母が吟醸香を充分に生成できるよう、精米歩合を低くしたり醪を低温に保つなど、蔵人は細心の注意を払い、もてる技術のすべてを駆使する。吟醸香を生み出すには、大変なコストと手間がかかるのだ。現在では9号酵母、アルプス酵母、CEL—24など、さまざまな種類が開発されており、それぞれの商品コンセプトに合った酵母が選択されている。

吟醸香の成分は、大きくふたつに分類される。ひとつは「カプロン酸エチル」由来の、完熟したリンゴやバナナのような濃密な甘い果物の香り。もうひとつは、「酢酸イソアミル」由来の若いリンゴやバナナのような軽やかな果実系の香りだ。米、麹を原料としながら、果物のような香気を生み出す技術は、近代日本酒最大の開発ともいわれる。的確な香りの具体例があると伝わりやすいので、意識しておきたい。

苦み／渋み

苦み／渋みを思わせる吟醸香のたとえとして、ミント、レモングラス、タイム、セルフィーユのような「さわやか」「青々しい」「みずみずしい」印象の具体例がある。

酸味

酸味を思わせる吟醸香のたとえとして、レモン、ライム、グレープフルーツ、チェリー、ユズ、スダチのような「爽やか」「清涼」な印象の具体例が挙げられる。

酸味

酸味を思わせる乳酸菌由来香のたとえとして、ヨーグルト、カッテージチーズやフロマージュブランのような「ミルキー」な印象の具体例が挙げられる。

甘み

甘みを思わせる乳酸菌由来香のたとえとして、生クリーム、カスタードクリームのような「ふくよか」「まろやか」「なめらか」「クリーミー」な印象の具体例が挙げられる。

3 微生物(乳酸菌)由来香

生酛仕込み、山廃仕込み（山卸廃止酛の略）など、生酛系酒母で造られた日本酒は、乳酸菌を取り込んで育成するので、乳酸菌に由来するさまざまな香りが生じる。乳酸菌に由来する香りは、おもに乳製品類であるが、香りに「ふくよかさ」「厚み」「まろやかさ」「なめらかさ」をもたらす要素となる。

醸造用の乳酸を添加する速醸系酒母は、１９１０（明治43）年に、国立醸造試験所で開発された技術。安全かつ確実に酒母を育成できることと、生酛系酒母と比較すると軽やかな酒質に仕上がることから、淡麗辛口が人気であった昭和後期にかけて主流となっていく。しかし平成に入ると深みのある味わいの日本酒を求める消費者が多くなり、生酛仕込み、山廃仕込みに取り組む蔵元も増えてきている。乳酸菌由来の香りが明確な日本酒に出会う機会も多々あると思われるので、ぜひとも意識していただきたい香りである。

うま味

うま味を思わせる乳酸菌由来香のたとえとして、バター、ショートブレッドなどの「ふくよか」「豊か」「コクのある」「まろやか」な印象の具体例が挙げられる（ここでいううま味とはアミノ酸系ではなく、コクのある乳製品を指す）。

酸味

酸味を思わせる熟成香のたとえとして、ドライレーズン、ドライイチジク、ドライアプリコット、ドライプルーンなどのような「力強く」「複雑」「濃厚」な印象の具体例が挙げられる。

甘み

甘みを思わせる熟成香のたとえとして、黒糖、ザラメ、カステラ、ハチミツ、メープルシロップ、バニラのような「力強く」「複雑」「濃厚」な印象の具体例が挙げられる。

4 熟成由来香

時間の経過とともに発現する香りを熟成香と呼ぶ。でき上がってから数年以上経った日本酒には、新酒のときには感じられなかった熟成香が発現する。新鮮な果実がドライフルーツに、生シイタケが干しシイタケになるように、元々の香りの要素が凝縮し、複雑化するとともに、スパイス、油脂、土、茶葉などの元々感じられなかった要素が現れるのが特徴。熟成香は日本酒中のアミノ酸と有機酸が化合して生じるとか、エチルアルコールが変化して生じるとか、数々の化学変化により生じるといわれるが、明確に解明されておらず今後の研究課題だ。また熟成香は、熟成期間の長さ同様、熟成中の保存温度も大きく影響する。保存温度が低いものほど熟成感が現れにくく上品な感じに仕上がり、逆に温度が高い場合は明確な熟成香が現れる。

熟成香は慣れてない人からすると、クセが強く、好みが分かれるところであろう。的確な具体例を挙げ、熟成香の魅力をうまく捉えてみよう。

うま味

うま味を思わせる熟成香のたとえとして、味噌、醤油、鰹節、昆布、干しシイタケ、麹のような「ふくよか」「複雑」「深みのある」印象の具体例が挙げられる。

苦み／渋み

苦みを思わせる熟成香のたとえとして、ゴマ、松の実、ピーナッツ、カシューナッツ、アーモンドのようなナッツ類、杉、ヒノキ、オーク、和紙、松やになど、「力強く」「複雑」「深みのある」「香ばしい」印象の具体例が挙げられる。

日本酒の味を利き分ける

色、香りで感じた印象は、味わいにも通じるものがあるのだろうか。まずはポイントを6つに絞り、利き分ける。そして複合的に、マッピングすることで、味わいのパターンを記憶させよう。

日本酒の味わいは6要素で表す

　昭和の時代から、日本酒の味わいは「甘口」「辛口」「濃醇」「淡麗」といった用語のみで表されてきた。ところが近年、多種多様な日本酒が生み出されており、その香味を表すには、それまでの単純な用語では表現しきれなくなっていた。その一方で、ワイン文化が根付いてきた昨今、ワインに準じるコメントが必要であるという意識が生まれてきた。実際、飲む側からすれば、日本酒をワインのように言い表すことにアレルギーがなくなっているのも事実である。

　現状を踏まえ、今そしてこれからの日本酒の味わいを的確に表すためには、次の6つのテイスティング項目を押さえておきたい。

①アタック
②テクスチャー（食感）
③ボディ（濃淡）
④具体的な味わい
⑤含み香
⑥余韻

　アタックとは口に含んだ瞬間の印象を指し、その強弱を判定するもの。アタックが強い日本酒は、ビギナーにとって非常にわかりやすい味わいだ。テクスチャーとは、食品分野で使用される口当たり、歯ごたえ、舌触りなどの感覚評価用語で、日本酒の場合は食感、飲み口などと呼ばれる。テクスチャーは飲む側にとってはおいしい、まずいを判定する重要な要素でもある。

　具体的な味わいとして甘み、酸味、苦み、うま味、アルコール感を確認する。味わいの要素が多い日本酒がフルボディ（濃醇）、少ない日本酒がライトボディ（淡麗）となるが、日本酒ならではの要素であるうま味の特徴をしっかりと把握したい。

　さらに口中で感じる含み香と余韻をとらえる。含み香とは、口に含んだときに感じられる香り、余韻とは最後に残る味わいを指す。これらは料理の相性を考案する際に欠かせない要素となる。

甘口、辛口の判定は、単純にできない時代

　日本酒の味わいは、ほぼ「甘辛」で表されてきたが、この甘辛は人によって捉え方が異なることがある。どんな日本酒にも、米に由来する甘み、アルコールに由来する刺激（辛み）が混在するため、ほとんどの日本酒が甘くも辛くもある。また酸味や苦みの存在も辛さに影響するとともに、甘い果物のような香りをもつ大吟醸などは、香りの影響で甘く感じることもあり、甘辛評価だけに捉われないようにしたい。

　総合して、その日本酒の個性をより捉える方法としては、これらの6要素の中でも、とくにテクスチャーと、具体的味わいの中のうま味に対するコメントを充実させることがポイントとなる。

テイスティング用語	解説	表現例
アタック	口に含んだ瞬間の印象	強い／弱い　など
テクスチャー	食感（触感）。飲み口とも言う	やわらかい／硬い／キメ細かい／荒い　など
ボディ（濃淡）	味わい要素の多さ。とくにうま味成分に注目	フルボディ（濃醇）／ライトボディ（淡麗）など
含み香	口に含んだときに感じられる香り	高い／低い　など（具体例も挙げること）
余韻	最後に残る味わい。とくにうま味とアルコール感に注目	長い／短い　など

掲載主要銘柄の味わいフレーバーマップ

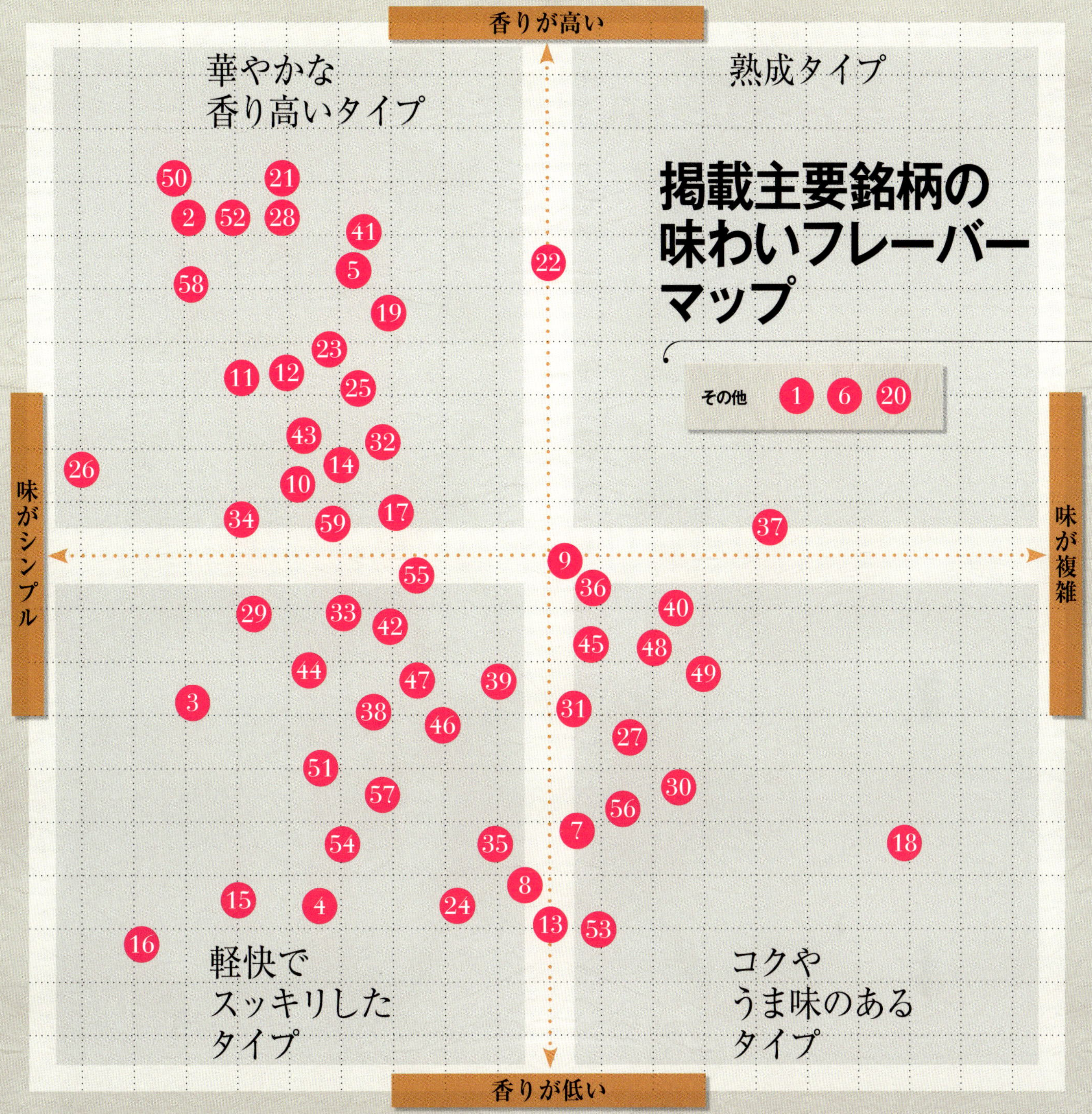

1 南部美人 All Koji 2013 ▶ 78P
2 南部美人 大吟醸 ▶ 78P
3 新政 №6 S-TYPE ▶ 79P
4 新政 亜麻猫 ▶ 79P
5 勝山 ダイヤモンド 鴉 ▶ 80P
6 勝山 元 ルビーラベル ▶ 80P
7 鳳金寶 自然酒 純米原酒 ▶ 81P
8 穏（おだやか）特別純米酒 ▶ 81P
9 寫楽 純米吟醸 ▶ 82P
10 寫楽 純米大吟醸 しずく取り ▶ 82P
11 相模灘 純米吟醸 美山錦 無濾過瓶囲い ▶ 88P
12 相模灘 純米吟醸 雄町 無濾過瓶囲い ▶ 88P
13 旭興 純米酒 ▶ 83P
14 旭興 純米吟醸 ▶ 83P
15 〆張鶴 純米吟醸 純 ▶ 85P
16 〆張鶴 吟撰 ▶ 85P
17 群馬泉 淡緑 純米吟醸 ▶ 84P
18 群馬泉 山廃酛純米 ▶ 84P
19 真澄 純米大吟醸 七號 ▶ 86P
20 真澄 スパークリング ▶ 86P
21 七賢 純米大吟醸 絹の味 ▶ 87P
22 七賢 純米吟醸酒 天鵞絨の味 ▶ 87P
23 喜久醉 純米吟醸 ▶ 89P
24 喜久醉 特別純米 ▶ 89P
25 醸し人九平次 純米大吟醸 山田錦 EAU DU DÉSIR ▶ 90P
26 醴泉 純米大吟醸 ▶ 91P
27 美濃菊 特別純米酒 ▶ 91P
28 勝駒 大吟醸 ▶ 92P
29 勝駒 純米吟醸 ▶ 92P
30 宗玄 純米 山田錦 無濾過生原酒 ▶ 93P
31 宗玄 特別純米酒 純粋無垢 ▶ 93P
32 而今 純米吟醸 千本錦 ▶ 94P
33 而今 純米大吟醸 山田錦 ▶ 94P
34 喜楽長 純米大吟醸 能登杜氏芸 ▶ 107P
35 喜楽長 辛口純米吟醸 ▶ 107P
36 秋鹿 純米吟醸 無濾過生原酒 ▶ 108P
37 奥鹿 生酛 山田錦六〇 ▶ 108P
38 風の森 秋津穂 純米大吟醸 しぼり華 ▶ 106P
39 風の森 露葉風 純米 しぼり華 ▶ 106P
40 小鼓 路上有花 葵 純米大吟醸 ▶ 109P
41 小鼓 路上有花 黒牡丹 純米大吟醸 ▶ 109P
42 白牡丹 大吟醸 ▶ 111P
43 白牡丹 純米吟醸 ▶ 111P
44 大正の鶴 純米吟醸 中取り 黒ラベル 24BY ▶ 110P
45 大正の鶴 特別純米 青ラベル 23BY ▶ 110P
46 美波太平洋 純米 無濾過原酒生 ▶ 112P
47 雲 純米吟醸 無濾過生原酒 ▶ 112P
48 悦凱陣 手造り純米酒 ▶ 113P
49 悦凱陣 純米山廃 赤磐雄町 無濾過生酒 ▶ 113P
50 川亀 特別限定 純米大吟醸 ▶ 114P
51 川亀 純米吟醸 雄町 ▶ 114P
52 三井の寿 純米吟醸 芳吟 ▶ 115P
53 辛醸美田 山廃純米 ＋14大辛口 ▶ 115P
54 鍋島 特別純米酒 ▶ 116P
55 鍋島 純米吟醸 ▶ 116P
56 鷹来屋 大分三井 純米吟醸 ▶ 117P
57 鷹来屋 若水 純米吟醸 ▶ 117P
58 香露 大吟醸 ▶ 118P
59 香露 純米吟醸 ▶ 118P

タイプ別模擬試飲

飲んだ酒の履歴を残すなら、こんな風に。ラインナップが揃う、大手酒造メーカー菊正宗の酒で模擬コメントを作ってみた。

種類

純米吟醸

商品データ

菊正宗
嘉宝蔵
生酛純米吟醸

原料米：国産米
精米歩合：60%
アルコール度数：16%
日本酒度：＋4.5

外観

透明感、清澄度ともに高く、ほぼ無色透明。

香り

香りの強さ、複雑性ともに高い。白桃、ビワ、柿のような和製果実の香りに、ふっくらと炊きあがった米のような、またできたてのバターの優しげな香りが加わる。

味わい

アタックは中程度。非常になめらかなテクスチャー。ふんわりとしたやわらかな甘みとうま味が広がるが、持続性は短く、後味はキリリとした苦み、酸味が主張する。含み香は非常にクリーミー。

総合評価

ふっくらとしたテイスト。
やわらかな果実香と原料香が
見事に融合。

飲み方の提案　やわらかなテイストを活かすために、唇が触れる部分がやわらかな酒器を選択するといい。豆腐、ウニ、白魚のムースなど、食感のやわらかな料理がベストマッチ。飲用温度は12～15℃程度が好ましい。

種類

純米大吟醸

商品データ

菊正宗
純米大吟醸

原料米：山田錦100%
精米歩合：40%
アルコール度数：16%
日本酒度：＋6

外観

透明感、清澄度ともに高く、ほぼ無色透明。

香り

香りは高く、複雑性はややシンプル。リンゴ、ナシ、ライチ、夕張メロン、カリンのような上品で華やかな吟醸香が明確に立ち上る。最後にうっすらと米由来の香りと生クリームのような香りが感じられる。

味わい

アタックは弱く、シンプルであるが、キメが細やかでスムーズなテクスチャーが特徴。突出した要素がなく、緻密でクリーンな味わいの構成。後味はドライ。含み香はハーブのような清涼な香りが広がる。

総合評価

新鮮果実のような華やかなフレーバー。
上品で軽快ながら、冴えのある辛口。

飲み方の提案　食前酒としても最適だが、会席料理などの食事と合わせたい純米大吟醸酒。中型のワイングラスを使用し、華やかな香りを充分に引き出すのもよい。飲用温度は10℃前後がオススメ。

補足コメント※全商品に共通して「キリリとししまった後味（ドライ感）」「生酛特有のふくらみと香り」が要素として挙げられる。これが菊正宗の特徴（個性）と言える。

チェックのポイント

外観
・透明度
・清澄度
・色（透明～黄金色）
・粘性

香り
・香りの強さ
・複雑性
・香りの具体例

味わい
・アタック
・テクスチャー
・ボディ（濃淡）
・具体的な味わい
・含み香
・余韻

種類

上撰

商品データ

菊正宗
上撰 本醸造

原料米：国産米
精米歩合：70%
アルコール度数：15%
日本酒度：＋5

外観

透明感、清澄度ともに高く、ほぼ無色透明。

香り

香りの強さはやや弱く、シンプル。上新粉、道明寺粉のような軽快な原料香の中に、新鮮なヨーグルトのような要素が少し加わる。野菜類のような涼やかなミネラル感も若干感じられる。

味わい

アタックは弱く、シンプルな酒質。キリリと引き締まったシャープなテクスチャーと、すっきりした軽快な味わいが特徴。後味は非常にドライで、余韻も短い。

総合評価

しなやかに引き締まった淡麗辛口。
飲み方の汎用性が広いキャラクター。

飲み方の提案　こだわりなく気軽に楽しめるのが菊正宗上撰の最大の醍醐味。温度は夏は冷やし、冬はお燗と幅広い対応が可能。料理も種類を限定しないマルチな食中酒として広く活用できる。普段使いに重宝する一本。

種類

純米酒

商品データ

菊正宗
嘉宝蔵 灘の生一本
生酛純米

原料米：国産米
精米歩合：70%
アルコール度数：16%
日本酒度：＋4.5

外観

透明感、清澄度ともに高く、ほぼ無色透明。

香り

香りの強さも複雑性も中程度。炊きたての新米、つきたての餅のような軽やかな原料香が主体。若いヒノキ、上質の和紙のようなふくよかな印象が加わる。

味わい

アタック。複雑性ともに中程度で、ソフトなテクスチャー。ほんのりとした甘みと酸味を感じた後に、まろやかなうま味が展開する。シャープな苦みが全体を引き締める。余韻は中程度。米粉のような含み香が感じられる。

総合評価

特徴は、まろやかなうま味の広がりと
キリリとしまった後味のドライ感。
季節料理などマルチに楽しめる。

飲み方の提案　純米酒としてはさまざまな楽しみ方ができるマルチプレイヤー。まろやかなうま味を引き出せるように心がけたい。飲用温度は15～18℃、または40～50℃。料理はうま味やコクのあるもので、とくに和食、魚料理がオススメ。器はグラスから焼物まで幅広く対応可能。

日本酒を嗜む

Basic Lessons of Sake

Chapter 3

第三章

日本酒は親父が晩酌で飲む酒でもいい。
かたや、蘊蓄を語りたい人が深める酒でもいい。
いずれにてしても、日本文化と寄り添ってきた酒。
心をもって飲むことは、日本酒への畏敬。
造りだけではない、文化として
日本の酒を深く知ることが嗜むことへとつながる。

日本酒カレンダー

季節／月	夏（8月・7月・6月）	春（5月・4月・3月）
季節別 お勧めの日本酒	日本酒オンザロックスタイル 夏向けの生酒、スパークリングタイプ	新酒 あらばしり
季節別 伝統の飲用法	祭りの酒 氷室酒	白酒 花見酒 菖蒲酒
旬の食材とのマッチング	ウナギ ハモ 青背の魚 カツオ アユ 納涼料理	山菜 タイ カツオ
季節感に合わせたい酒のタイプ	軽口でスッキリとした味わいのタイプ（本醸造／生酒など）	果実や花のような華やかなタイプ（吟醸酒など）
季節感のある商品種別 特定名称酒	本醸造酒、普通酒	純米大吟醸酒、純米吟醸酒、大吟醸酒、吟醸酒
季節感のある商品種別 その他	生酒、原酒、活性清酒、低アルコール酒	あらばしり、雫酒（斗瓶囲い）、無濾過生原酒
季節感のある酒器	錫製酒器、切子、小型猪口、ショットグラス、フルートグラス、オンザロック用グラス	花柄入りの磁器、中型ワイングラス、ラッパ型グラス

錫製酒器　切子　小型猪口　ショットグラス　フルートグラス　オンザロック用グラス

花柄入りの磁器　中型ワイングラス　ラッパ型グラス

季節で変わる日本酒のおいしさ

季節は日本酒の付加価値を高める最大のキーワード。そして古来より季節ごとの楽しみ方が確立されてきた。その時々に、おいしく感じられる日本酒を選択し、温度や酒器を変え、大切な人の健康を願う伝統的な飲用方法を意識することで、日本酒の醍醐味は感じられる。

さわやかで心地よい春には、果実や花のような香り高い吟醸酒などがおいしく感じられ、タイ、山菜、初ガツオなどの旬の食材と抜群の相性を示す。また、桃の節句には魔除け、清浄の意味が込められた「白酒」、桜の花が咲く頃には、田んぼの神様の依り代である桜の木の下で豊作を祈願する「花見酒」、端午の節句には、邪気を祓う効果の高い「菖蒲酒」なども試してみたい。

夏には、飲み口がキリリと引き締まった軽快な日本酒がおいしく感じられる。スッキリとした味わいの生酒やスパークリングタイプのほか、原酒などをオンザロックで嗜むのもよい。平安時代、貴族は氷室で保管した氷を浮かべた日本酒を夏場に飲んでいたという記述もある。こ

グラス写真提供：リーデル・ワイン・ブティック青山本店

四季があり、その風情を堪能できる日本では、酒も然り。
祝いの瞬間に、また季節の行事として、
自然の移ろいを愛でながら、その時々の酒を酌み交す。
季節感あふれる演出で、この国の酒を楽しみたい。

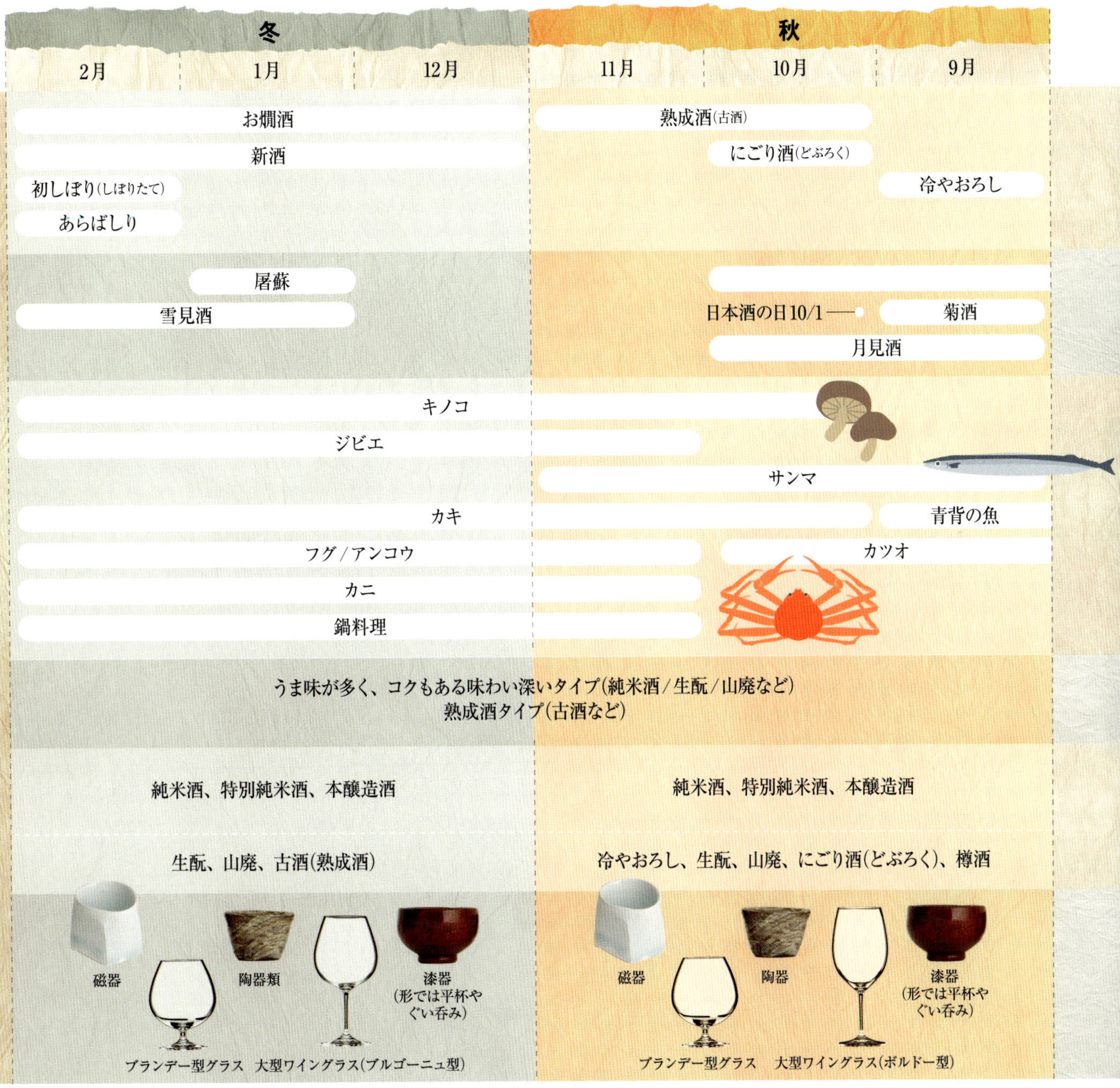

れらは、アユ、青背の魚、冷ややっこなどの納涼料理などと相性がよく夏の食卓にピッタリ。より涼しく、冷たく飲用できる酒器で、喉越しを楽しもう。

秋は日本酒がもっともおいしく感じられる季節。うま味を含んだコクのあるタイプを、お気に入りの酒器でじっくり味わうのに適している。あまり冷やしすぎないこともポイントだ。またこの季節は、豊作を祝う「祭りの酒」、長寿の効果が高い菊をうかべて飲む「菊酒」、月を愛でながら嗜む「月見酒」など、日本酒を通じて和の風情が満喫できる。しかし何といっても秋の楽しみは、秋の食材との相性であろう。サンマ、カキ、キノコ、イノシシ、カモなどのジビエ類と、コクのある日本酒の組合せは至福の一時を約束してくれる。

冬は何といっても燗酒。温めて飲むスタイルこそ日本酒ならではの醍醐味だ。ぬる燗が好みならコクのある旨口タイプ、熱燗が好みなら後味がキリリと引き締まった辛口タイプを選択するといい。熟成酒をごくごくぬる燗で味わうこともおすすめだ。日本酒の新酒も出回る季節なので、季節限定の「初しぼり」や「しぼりたて」などもチェックしたい。

酒の適温を探る

飲み比べてみよう

種類	温度	20〜25℃ 常温	15℃ 涼冷え	10℃ 花冷え	5℃ 雪冷え
本醸造 シンプルで、淡麗辛口の典型タイプ 冷酒と燗酒、極端な温度向き	総合判断	○	○	◎	◎
	香り	特徴的なものが隠れ、香りが平坦に。麹の香りも感じる。	米の香りが現れてくるとともに、アルコール臭も目立つように。	低温ながら、香りの広がりを感じる。	淡麗辛口らしい微かでおだやかな香り。
	味	酸味が突出し、しまりのない味に。	キレのよさが弱まり、テクスチャーにやわらかさが感じられる。	明確にうま味が感じられる。	軽やかさ、キレのよさがよくわかる。
純米吟醸 吟醸香が強く、ふくよかでなめらかなタイプ やや冷えている程度で魅力を発揮	総合判断	△	◎	○	○
	香り	吟醸香というより、砂糖のような甘い香りが発現。	吟醸香と原料香が非常にバランスよく、均衡して感じ取れる。	原料（米）香とともに、フルーティな吟醸香も感じられる。	吟醸の香りはほとんど感じられない。
	味	アタックでわずかな甘みと酸味を感じるが、さわやかさに欠ける。	テクスチャーがよりやわらかくなり、アタックの甘みがわかりやすい。	やわらかくまろやかなテクスチャーが活きる。	すっきりしていて、後味のキレがよい。
大吟醸 果物のような吟醸香、香り高きタイプ 冷たい中でもピンポイントの冷温で	総合判断	△	○	◎	△
	香り	清涼感はなくなり、コンポートなどの砂糖のように平坦な香り。	吟醸香がわかりやすくなるが、清涼感がやや欠ける。	フルーティな吟醸香が現れ、清涼感が高い。	香りは弱く、吟醸香はほとんど感じられない。
	味	酸味と苦みが目立ち、辛く感じられる。	後味の苦みが強調される。	味と香りのバランスがきわめてよく、後味もわかりやすい。	味わいはしっかり感じられ、後味のキレもよい。
純米 うま味、酸味、コク、多様な深みのあるタイプ 常温で個性発揮するオールラウンダー	総合判断	◎	○	○	△
	香り	カスタード様の生酛香がふくよかさを増幅する。	原料香が主体で、白玉粉のようなやわらかい香り。	乳製品香に加えて、原料香など、香りに複雑さが増す。	生酛の乳製品らしさがわずかに感じられる程度。
	味	特有の厚みのある酸味とうま味の後に苦みが充分に引き出される。	苦み、キレ、酸味がありシャープ。甘み、うま味は抑え気味。	甘み、酸味、後半のうま味など、持ち味を引き出している。	甘み、うま味を感じにくく、苦みが残り、生酛特有の酸味だけを感じる。

日本酒の個性を活かすも殺すも温度次第

日本酒は、飲用温度帯の幅が広く、温度によって香味がガラリと変わるのが大きな魅力だ。そして、温度が香味に与える影響は非常に大きく、持ち味を活かすも殺すも温度次第。温度が低いほど香りは感じにくくなるが爽快さは増す。逆に温度が高くなるほど香りは感じやすくなるが爽快さは失せ、マイナス要素が目立つなど、それぞれにメリット、デメリットが存在する。

また、テクスチャーは冷やすと硬く引き締まるが、温度が高いとやわらかくまろやかに感じる。飲み口がキリリと引き締まった本醸造酒などは冷やすことで個性が活き、うま味成分が多くまろやかな飲み口の純米酒などは温度が高いことで個性が活きる。このように各日本酒に見合った温度帯を見極めることをつねに意識すると、味わいをより堪能できる。

効果的な冷やし方と温め方

日本酒は酒器に注いだ瞬間から温度が上昇するので、適温よ

世界中にはさまざまな酒類があるが、
温めて飲む習慣があるのは日本酒だけ。
冷やでもおいしい日本酒は、温めると
どんな変化を起こすのか、実験を試みた。

温度	55℃ とびきり燗	50℃ 熱燗	45℃ 上燗	40℃ ぬる燗	35℃ 人肌燗	30℃ 日向燗
総合判断	△	○	○	△	△	△
香り	アルコール臭がきつすぎる。	アルコール臭がかなり強い。	アルコールの揮発が激しい。	米の香りが感じられる。	アルコール臭が目立つ。	アルコール臭が目立つ。
味	味の要素が感じられず、刺激が強いが、“これが辛口”と好む人も。	アルコールの刺激とキレのよさで、すっきりとした辛口に。熱燗好き向き。	力強く感じる。アルコールの刺激でキレがよく感じられる。	アタックでは甘みを感じる。後半はキレがない。	アタックはよいが、後味のキレがなく、後半にしまりがなくなる。	キレがなく、味わいの成分が引き出されず、フラットに。
総合判断	×	×	△	△	△	×
香り	穀物や豆類の香りを感じ、アルコール臭も刺激的。	ツーンとくるアルコール臭のみ。	アルコールの刺激が目立ち、本来の香りが薄れる。	甘い香りが浮き、アルコール臭が現れる。	原料香がはっきり現れるとともに、アルコール臭が少し目立つ。	麹と乳酸系の香りが浮き出てくる。
味	熱さに由来するキレ、力強さは感じるが、もともとの味は消える。	やわらかさが失せ、えぐみを感じる。後味は非常に平坦。	甘みの持続が短くなり、酸味と苦みを感じる。	フラットになり、うま味を少なく感じる。	テクスチャーはやわらかく、甘みが広がる。	砂糖のような平坦な甘みと苦みが強調され、バランスの崩れが。
総合判断	×	×	×	×	△	△
香り	香りの要素はすべて失せ、アルコールの揮発のみ。	アルコール臭の揮発が高く、平坦の極み。	アルコールの不快な香りだけが残る。	アルコール臭が強く、華やかな吟醸香はほぼなし。	アルコール臭が上回り、香りの華やかさは減少。	吟醸香が不快で、薬品のようだが、これを好む人もいる。
味	アルコール由来の苦みと刺激のみ。	味の要素はさらになくなる。	味わいが極端に少なくなり、フラットに。	甘みのほか、平坦な酸味と苦みを感じる。	甘みと酸味が平坦に。アルコール刺激は若干弱まる。	最初に平坦な甘み、次にアルコールの刺激が展開。
総合判断	△	○	○	○	○	△
香り	炊きたての米のよう。アルコールの揮発はさほど目立たない。	アルコールの揮発は強くなるが、原料香、生酛香はへたれない。	乳製品の香りはなくなり、アルコール臭が上回る。	原料香が明確に発現。生酛感が薄れる。	アルコール臭が強くなり、ミルキーさが現れ、バランスが崩れる。	アルコール感が目立ち、米粉などの乾いた感じも。
味	苦みが木質的でドライ。持ち味は損なわれるが、×ではない。	力強い辛口。甘みは薄れ、酸味と苦みのトーンも下がり、線が細くなる。	酸味と苦みが主体のドライテイストだが、酸味が残り、生酛らしさを感じる。	厚みのある酸味が主体。後味のキレがよくなる。	甘みと酸味が均衡し、スムーズにうま味につながる。	酸味が引き出され、甘みが減る。締まりのない感じ。

りもやや低い温度帯で注ぐのが温度設定の基本だ。冷蔵庫で冷やす場合は、20度の日本酒を8度の冷蔵庫に入れるとして約2時間で10度になる。氷水に漬けると1分ごとに1度ずつ冷える。また、燗にする場合は、アルコールは78・3度で揮発を始めるので、80度前後で湯煎すると、アルコールの揮発の少ないまろやかな燗に仕上がること、また平均的な1合徳利の場合、80度の湯に漬けると2〜3分で40〜45度になることも覚えておくと役に立つ。

冷蔵庫のない時代、日本酒の温度表現は「燗酒」と「冷や」しかなかった。温めた状態を「燗酒」というのに対し、「冷や」は冬場は5度、夏場は25度などと季節によって異なっていた。それはつまり「常温」なのだが、ワインの常温は約18度であるのに対し、日本酒は20〜25度程度を指すことが多い。冷蔵庫が普及した現在、「冷や」は10℃以下の状態を指し、「冷酒」と呼ぶこともある。

日本酒の温度を指す言葉に、上の表のような「雪冷え」や「人肌燗」といった情緒的な表現もあり、風情あふれる表現で日本酒を嗜むのも一興といえる。

酒器にこだわる

器の形ごとに酒を飲み比べてみる

形状で違いをみる

中ぶりの盃

中ぶりの平盃

大ぶりの盃

小ぶりの筒型

◎＝持ち味が充分に引き出されおいしいと感じた。
○＝可もなく不可もなく、イメージ通りの味わい。
△＝おいしいと感じない要素が強調された。

	平盃	筒型	中ぶり	大ぶり
香り高いスタンダードな純米吟醸	◎	○	△	◎
軽やかさが際立つ本醸造	△	◎	○	△
個性があり複雑な山廃仕込み	○	△	◎	△

口造りに注目して違いを理解しよう

日本酒を飲むための器は、飲み方の多様性や日本民族の文化の中で、材質にしても形状にしてもたくさんの酒器が生まれてきた。酒器には〝演出〟面で場にふさわしい雰囲気を造る役目があるが、近年は形状によって味わいの感じ方が異なることに注目し、酒のタイプや飲み方によって酒器を替えて出す飲食店が多くなっている。

そこで、唎酒師の上級資格「酒匠」を取得し、東京・神楽坂で和酒会席店「ふしきの」を営む宮下祐輔さんに、形状による味わいを比べてもらった。上の表は、8種類の器で、それぞれ3種類の酒を試してみたもの。「全然違いますね。これだけ比べると、その違いがよくわかります」と言うように、同じ酒とは思えないほどに違いがあったのだが、なぜこのような違いが生まれるのか。ひとつに、口造りの形状に注目した。

「口が外向きだと、舌の両脇に流れ込むので一般的に酸味を感じやすいといわれています。内向きだと、それが抑えられる。ということは、前者よりも後者

国内に点在する多くの窯や作家の手によって
作られる酒器。個人の感性や好みで選べばいいのだが、
その前に酒器の形状によって
味わいが変わることに注目しよう。
酒器別に、純米吟醸、本醸造、山廃でその差を比較した。

口造りで違いをみる

内側に
すぼまっている
口造り

花びら様の
口造り

外側に
広がった口造り

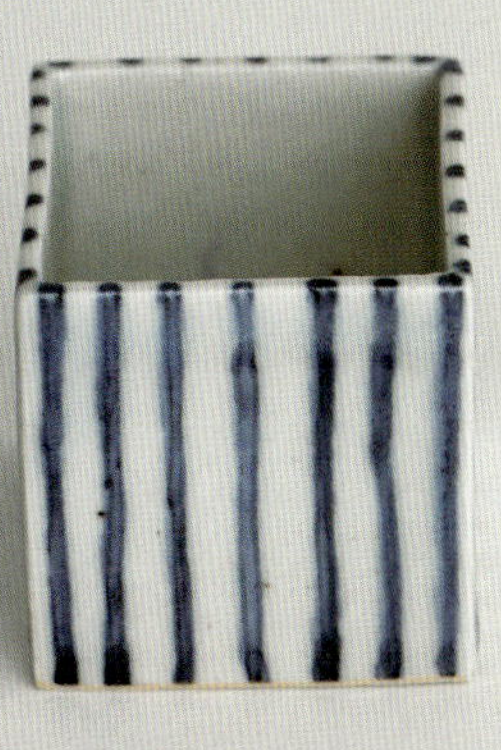

正方形の
口造り

	花びら	正方形	内向き	外向き
香り高いスタンダードな純米吟醸	△	○	△	◎
軽やかさが際立つ本醸造	○	◎	○	△
個性があり複雑な山廃仕込み	◎	△	◎	○

の方が甘みを感じやすいともいえます。また、花びら型はどちらかというと内向きと一緒。おもしろいのは正方形。角面と直線面で飲む印象はぜんぜん違う。角の方がすっきり感じますね」。

大きさで比較すると、酒のタイプもさることながら、冷酒ほど大ぶりの器で飲んだほうがおいしく感じ、お燗なら小ぶりのものが味わいの凝縮感が出てよりおいしく感じるそうだ。

突き詰めればもっと奥が深い話題だが、まずはどんな酒器を手に入れようか？

「平盃！　どの日本酒も甘みがあるのが特徴。酸でキレをよくしてバランスを取ってあげた方が料理との相性がよくなるから」。

最後に宮下さんは、1銘柄を同時にいろいろな酒器で試すとおもしろいともすすめてくれた。

「ふしきの」店主
宮下祐輔さん
メニューは季節ごとに替わるコースのみ。料理に合わせた日本酒を、こだわりの酒器で出してくれる。店内にはギャラリースペースもあり、酒器の購入も可能。
東京都新宿区神楽坂4-3
TKビル2F
TEL:03-3269-4556
http://www.fushikino.com

酒器コレクション

むずかしいことを考えず、好みの酒器に囲まれるのも悪くない。何といっても日本酒は季節や風情を感じられる酒。オリジナルの演出を楽しんでみよう。

3. 漆

大ぶりで
印象的な酒器。
豪快に飲みたいときに。

2. 陶器

厚みのあるものは
味わいを濃醇に
感じさせる。

1. 磁器

小花を散らした
九谷焼は、春先に
使ってみたい。

注ぐ器にもこだわりを

11. 徳利

伝統的な形をアレンジ。
作家の個性が
感じられる一品。

10. 徳利

スマート感あふれる
デザインは、
日常の食卓にも。

9. 片口

空気との接触面が広く、
ワインのデカンタと
同じ効果が。

8. ちろり

燗をつける道具だが、
徳利代わりに
使っても。

遊び心で演出する

16. 蕎麦猪口

人気のコレクション
アイテム。たったひとつを
見つけては。

15. 杯台

会席で使われる
杯台で、フォーマル感
を醸し出す。

14. 枡

祝い事のみならず、
檜の香りを感じて
さわやかな演出を。

13. 大型の平杯

かつての武将の
ように、ときには豪快な
飲み方も。

材質の特徴で選んでみる

7. 硝子　6. 銅　5. 陶器　4. 錫

7. 硝子
伝統的な江戸切子。
夏の夕暮れどきの
演出に。

6. 銅
上部に向かって
広がる形状のものは、
香りを感じやすい。

5. 陶器
粗めの土の
素朴さが印象的。

4. 錫
温度を持続する
効果が高い。

ワイン風に飲んでみる

18. 大吟醸グラス
吟醸香など揮発性の
高い香りをとらえやすい。

20. 徳利
繊細な吹きガラスで
作ったデキャンタ風の
酒注ぎ。

18. 大吟醸グラス

19. 大吟醸グラス
内部の突起で
エアレーション効果を。

商品協力：
酒器ギャラリーふしきの　①②③⑤⑧⑩⑪⑫（参考商品）
玉川堂　⑥ぐい呑み平形大鎚目16,200円
江戸切子協同組合　⑦江戸切子 盃 G48ルリ9,180円
工房千樹　⑨うるみ片口25,920円、⑮楢造 組杯162,000円
越前焼工業協同組合　⑬美味平盃「ふくいく」（友田晶子セレクシオン）7,560円
藤吉憲典 花祭窯　⑯染付雲龍文広東碗型蕎麦猪口5,400円
リーデルジャパン　⑱〈ヴィノム シリーズ〉「大吟醸」グラス3,780円、
⑳〈リーデル・オー シリーズ〉「大吟醸オー」グラス2,268円
松徳硝子　⑲うすはり 大吟醸1,836円、⑳うすはり 酒注ぎ1,944円

12. 片口

白樺の木を利用し、
春から夏に清涼感を
漂わせる。

17. 可杯（べくはい）

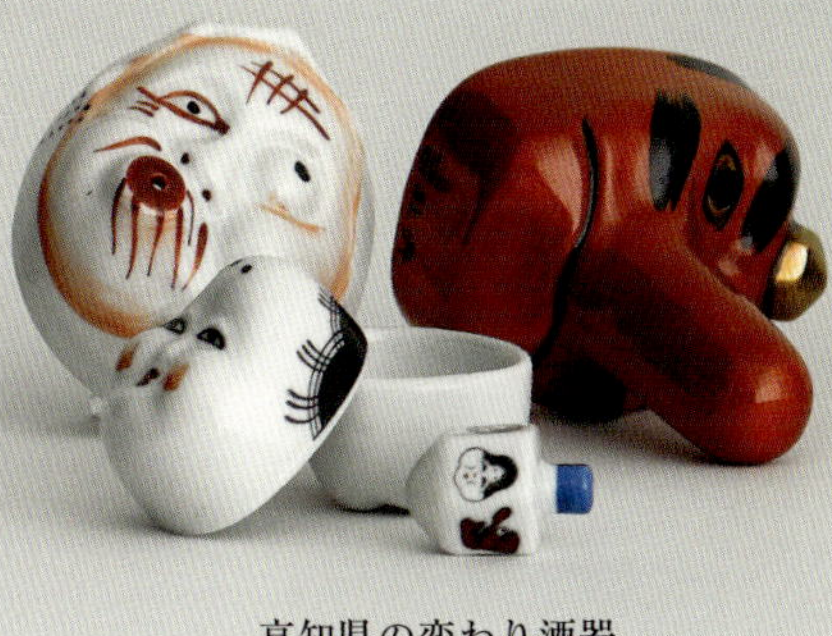

高知県の変わり酒器。
呑みきるまで酒器を
置けない。

マリアージュの提案

唎《きき》酒師がすすめる寿司と日本酒の合わせ方

日本のみならず、世界から注目される日本料理「寿司」。
ひと皿に１種類のワインを合わせられるフレンチやイタリアンとは違い、
ネタによって味わいが異なるひと口サイズの食べ物に
どうやって酒を合わせればいいのか？
東京・日本橋、マンダリン オリエンタル 東京「鮨 そら」で、サービスを担当する
唎酒師の出羽薫さんが、意外な合わせ方をすすめてくれた。

（右から）「久保田 萬寿」「龍勢 夜の帝王（特別純米）」「北雪（純米酒）」「神渡（純米大吟醸）」「玉乃光 備前雄町（純米大吟醸）」「奥の松 雫酒金乃丞（純米大吟醸）」。

数種類の日本酒を置いてネタごとに味わう

「お客様がお飲みになる量にもよりますが、3合くらいお飲みになれるようでしたら、1合ずつ3種類のお酒を一度にお出しします。召し上がるお寿司ごとにそれぞれのお酒を試していただくと、マリアージュをより楽しんでいただけると思います」。

もちろん、酒の温度を考えて、1合ずつ順にというのであれば、軽いものから始まり、徐々にボリューム感のあるものをすすめるそうだ。では目の前にはどんな酒を並べてくれるのだろうか。

「軽快な辛口タイプ、ふくよかな旨口タイプ、香りが華やかなタイプからそれぞれ選びます」。

軽快な辛口タイプは、味わいがおだやかなものが多く、このタイプに淡白な魚やデリケートな味わいを合わせるのがマリアージュの王道。一方で、出羽さんがすすめる中には「脂がのった魚」がある。

「ステーキを食べたときに、タンニンを感じる赤ワインで脂を洗い流すイメージです。このタイプのお酒には、醸造アルコールを加えているものが多く、そのアルコール感で口の中をすっきりさせる効果があります」。

しっかりうま味があるタイプの酒にはうま味で合わせた赤身の魚や〆ものをすすめる。

「〆ものといっても、酢でというよりも〆たことによって凝縮したうま味が、酒のアミノ酸と相性がいいんです」。

また、香りが華やかなお酒には、香りのある素材や薬味を使ったものが合わせやすいという。

「ワサビも薬味のひとつでシンプルなネタの味を引き立てます。おろしたショウガ、甘い香りのタレも同様です。柑橘系の香りのするお酒なら、ネタにスダチをしぼってもいいですね」。

地方や店舗によって、さまざまな味わいがある寿司。ピンポイントで日本酒と合わせる前に、まずは目の前に猪口を並べてみてはどうだろう。

寿司と日本酒のマリアージュを提案してくれた唎酒師・出羽薫さん（左）と板長の今泉佑史さん（右）。おふたりは、日頃の経験とチームワークを活かし、今回のマリアージュを提案してくれた。出羽さんは、2012年に開催された第3回世界唎酒師コンクールで見事優勝している。

唎酒師・出羽薫がすすめるネタと酒

みずみずしく軽快な辛口タイプの酒に

デリケートで淡白な味わいのまこがれいやキスの昆布〆には、香りがおだやかでさらっとした「久保田 萬寿」などで味を壊さない組み合わせを。脂ののったトロやしまあじ、のどぐろなどは、「壱乃越州」など本醸造のキレのいい酒で、すっきりと。

ふくよかさとコクのある旨口タイプの酒に

うま味や熟成感のある赤身の漬けや〆鰯には、「龍勢 夜の帝王」など独特の風味や熟成感のある酒と。繊細な小肌やうま味のある車海老は、「北雪」のようなうま味とシンプルさの両方を兼ね備えた合わせやすいタイプで。

香り華やか、味わいさわやかなタイプの酒に

味わい深い白身のこちなどには、「神渡」のようなボリュームのある酒でリッチに合わせる。みる貝や、イカなどスダチをしぼって味わいが引きたつネタには、「獺祭」などのフルーティで甘い香りを添えて。煮つめを塗った穴子には「玉乃光」のような黒砂糖やマンゴーなど甘やかな香りのしっかりした味わいの酒で。あさつきを添えた鯵には、「奥の松」のようなワサビなどさわやかさをイメージさせる香りの酒がいい。

マンダリン オリエンタル 東京　鮨 そら　東京都中央区日本橋室町 2-1-1 TEL: 0120-806-823　http://www.mandarinoriental.co.jp

マリアージュの提案

シェフのひらめきが生む日本酒に合うフレンチの皿

神戸ポートピアホテルのレストラン「トランテアン」では、
兵庫県産の食材を使うからには、お酒も……というシェフの意向で、フレンチでは珍しく、
県内産の日本酒をオンリスト。また日本酒とフランス料理のイベントも毎年行なっている。
「ワインと日本酒のように、日本酒をフレンチに合わせたプレゼンテーションがあって当然」
と言うのは、料理長の佐々木康二シェフ。今回、編集部から6本の日本酒を送り、
それぞれに合わせたメニューを考えていただいた。

（左から）「ひやしぼり（吟醸酒）」「蒼天伝（純米吟醸酒）」「福寿（大吟醸）」「龍勢（純米大吟醸）」「独楽蔵 円熟 玄（純米吟醸）」「実楽 山田錦の里（特別純米酒）」。

ブドウほどに違わない繊細な味だからむずかしい

「これぞ日本酒というタイプの酒は、苦みと独特の米の香りが特徴的です。それを消そうとしたり、ほのかに香るものを合わせようとするとまったく受け付けない。そこにあえて同じようなものを合わせるとお互い相乗効果がある。また甘みや酸味を合わせると、その結果がまったく異なる。日本酒はワインのピノ・ノワールとカベルネ・ソーヴィニヨンほどに違いがないから難しいですね」。

マリアージュという観点から捉えた日本酒の特徴について、思うところを語る佐々木シェフ。その繊細な味わいの違いを明確にとらえて考えてくれたのが、①「福寿 大吟醸」に「パテ・アン・クルート」、②「独楽蔵」に「牛肉の味噌風味のサヴァイヨンソース」、③「ひやしぼり」に「オマール海老とクスクスのサラダ」、そして写真の3メニュー。

①は、酸味のあるフルーティな味わいに、最初魚介類を合わせたところ、苦みが増したことを踏まえ、力強いレバーやフォアグラを使用。②は、土臭さをキーワードに、丹波の黒大豆味噌を使った肉料理に。そして③は、モモの香りが際立つフルーティな味わいに合わせ、海老の出汁とビネガーを使ってさわやかな仕上がりに。共通しているのは、料理、酒ともにそのおいしさを邪魔しないことだそう。日本酒ととても合いそうもない食材を使っているのも、マリアージュには遊びがあったほうがおもしろいと思っている佐々木シェフの心意気だ。

そんな佐々木シェフが提案するマリアージュからは意外な発見が多かった。フレンチと日本酒のマリアージュ、逃したくない体験である。

テイスティングからメニューの提案まで、意見を交換し合った佐々木康二シェフ（左）と彦坂幸治副支配人（右）。佐々木シェフは2009年ボキューズ・ドール国際料理コンクールで8位に入賞。彦坂副支配人はソムリエであり唎酒師。

佐々木シェフ、ひらめきのひと皿

「蒼天伝 純米吟醸」
×
アワビのクレソネット アスパラガスのコポーと ライムのジュレ

青臭さと苦みと酸味をポイントに、ストレートに緑色のソースで。生アスパラガスのスライスのフレッシュ感や、ライムの小さなゼリーで一気に酸味が広がり、余計な雑味を消している。

「龍勢 純米大吟醸」
×
子羊背ロース肉の ロティ ポレンタと彩野菜、 黒ニンニクのジュレ

スモークの香り、古い樽のような木の香り、古い本の香りに合わせるのはお肉! 土っぽさで合わせるよりも、ニンニクを発酵させた黒ニンニクの発酵香やスモーク香、同じ傾向の味わいを合わせれば間違いなし。

「実楽 山田錦の里 特別純米酒」
×
チョコレートのビスキュイと フォンダン フランボワーズ風味 カカオのソルベ添え

これぞ日本酒!のこの酒は、甘いものや濃いバター系をもってきても、全部はね返す力強さ。甘いものも苦くし、酸味のあるものは苦くする。そんな酒には、カカオくらいの強さでちょうどいい。ガナッシュ、ビスキュイ、シャーベット、これでもかというほどカカオを利かせた一品。

Column

日本酒にも チーズの時代

チーズと日本酒? 合わないだろうと思っている人も少なくない中、近年は日本酒と他国の食文化を合わせるように、チーズと日本酒を合わせるという話をよく聞くようになった。「フレンチでも、チーズを赤ワインで、白ワインで、また甘口ワインで召し上がる方といろいろ。また、チーズにはワインをイメージする人が多いかもしれないが、ビールやウイスキーのおつまみとしてもぴったり。合う合わないは個人の好みだが、日本酒と合わせることに何の疑問もないはず」と佐々木シェフ。

せっかくだから、合わせてみようという方に、彦坂副支配人からアドバイス。「お酒によって種類を選ぶとは思いますが、まずは強さを合わせてみては」。

右ページで紹介した酒の中では、「龍勢」と「独楽蔵」など熟成感があり乳酸も感じるタイプは、濃い味わいや特徴的な強い香りがあるチーズと。また、「福寿」と「ひやしぼり」のような爽やかでフルーティなタイプには、フレッシュなチーズやフルーツが入ったようなものを合わせてみよう。

ポートピアホテル フレンチレストラン トランテアン　兵庫県神戸市中央区港島中町6-10-1　TEL: 078-303-5201　http://www.portopia.co.jp

Column

フランス的日本酒マリアージュとは？

フランスの三つ星レストラン「メゾン・トロワグロ」の流れをくむ「キュイジーヌ[s]ミッシェル・トロワグロ」（東京・新宿）で企画されたイベント「七冠馬とミッシェル・トロワグロの夕べ」。フランス人シェフとソムリエが考える日本酒のマリアージュとは？「七冠馬」の蔵元、簸上（ひかみ）清酒の当主も交えて語ってもらった。

田村（以下敬称略） 弊社のお酒は、島根の中でも濃口で酸があり、チーズや肉料理、山の料理にも合うと言われます。それが繊細なフランス料理と合うのか。シェフ、ソムリエ、そしてお客様にぜひうかがってみたいところです。

ダミアン 「七冠馬」は、お米に加え、チョコレートのような風味を特徴的に感じたことはすごくおもしろかった。フレンチと日本酒のマリアージュは今まで考えたことがなかったので、こういうお酒に出会って、うちの料理とも合うかもしれないという可能性を見いだせましたよ。

ギヨーム たしかにチョコレートの風味は印象的だった。それに酸味も強いしタマランも感じた。試飲後、すぐにメニューが決まったものがふたつありました。吟醸のスモークな感じには鮎が合うと。そしてタマランを強く感じた6年貯蔵生原酒には鶏の料理だって、直感的にひらめきましたね。

ダミアン チョコレートを感じた「七冠馬」のように赤ワインに匹敵すると思う酒もありますが、日本酒はワインに比べると味がおおむねフラットで、赤ワインほど力強いものが少ない。味の傾向もワインほど広くない。だからワインとフランス料理を合わせるようにはいきませんよね。でも、それは和食にワインを合わせるむずかしさも同じ。

ギヨーム 酒を楽しむために料理がある、料理を楽しむために酒がある。そんな気持ちで今回も料理を考えました。

田村 料理も酒もおいしく感じていただけるのがいちばん。相互に引き立てる、両者のバランスが取れること、最近はそれを考えて酒を造っています。今回のイベントはまさに挑戦。海外に行かなくても、こういった試みができるのは、次へのチャンスだと思っています。

ギヨーム 僕は毎日がチャレンジですよ（笑）。

ダミアン 料理も酒も造った人の人間性が出る。そういう同じ心をもってつくるふたつのものが一緒になるところに意義があり、チャレンジでもあると思います。

ギヨーム ハーモニーも平等だと思うしね。お客様に楽しんでいただくために料理を作る、それを毎日繰り返すことによっていいものができ上がってくる。僕は今回の日本酒とのマリアージュのように新しいものをいつも求めていきますよ。

ダミアン 今回、デザートに山廃純米吟醸を合わせましたが、この酒には求肥が合うと、パティシエのミケーレと3人そろって直感的に感じました。そんな巡りあいがあれば、今後もフレンチと日本酒を合わせようということにもなるでしょうね。

支配人兼エグゼクティブソムリエのダミアン・マザー。日常の食卓でも和食と日本酒を嗜む日本酒通。

簸上清酒合名会社、田村明男代表社員。七冠馬はシンボリルドルフ号の厩舎との姻戚から生まれた酒。

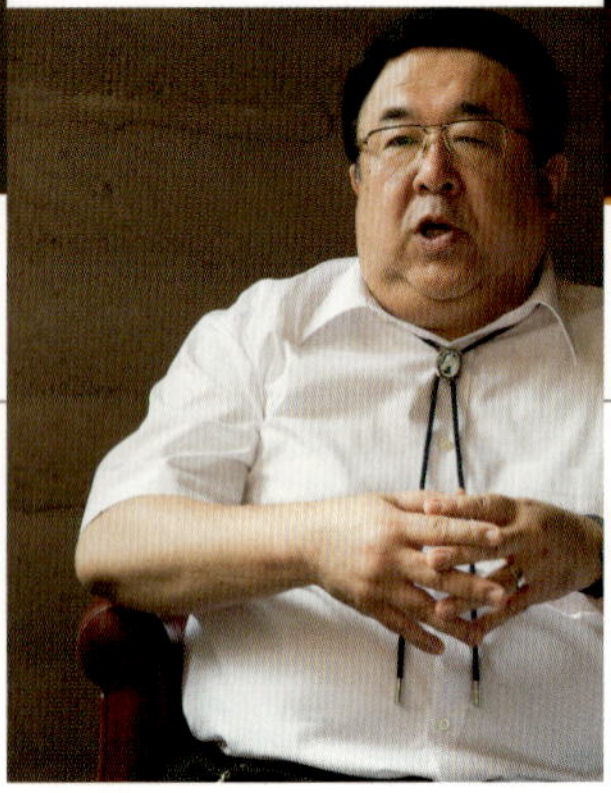

エグゼクティブ・シェフのギヨーム・ブラカヴァル。和食店へ行くと必ず日本酒を嗜むという。

今回のイベントで出された日本酒。（左から）「吟醸 七冠馬」「大吟醸 七冠馬」「大吟醸 玉鋼 袋吊り斗瓶囲い」「純米大吟醸 七冠馬 6年貯蔵 生原酒」「純米 七冠馬」「山廃純米吟醸 七冠馬」の6本。

キュイジーヌ[s]
ミシェル・トロワグロ
東京都新宿区西新宿2-7-2
ハイアット リージェンシー 東京1F
TEL:03-3348-1234（代表）
http://www.troisgros.jp/

火にかけたトマトの上澄みのみを使って作った、透明なトマトのスープの中に、七味唐辛子とスパイスをまぶした手長エビ。黄色と緑のズッキーニを添えて。この皿には「大吟醸 玉鋼 袋吊り斗瓶囲い」を合わせる。

スモークした鮎とナス、バジルをレモンでマリネし重ね、周りにはイカ墨を練り込んだパン、ビネガーでマリネしたジロール茸、キャラメリゼしたタマネギを散らして。「七冠馬 吟醸」のスモーキーな風味がマリアージュのポイント。

真空調理をしたヴォライユ（鶏）をタマリンドのソースで。ビネガーでマリネしたキュウリとダイコン、ローズマリーを添えて。「純米吟醸 七冠馬 6年貯蔵 生原酒」をテイスティングしたときにタマリンドを強く感じてひらめいた。

「山廃純米吟醸 七冠馬」をテイスティングして、そのフローラルでフルーティな味わいに､3人の意見が合ったという“求肥”を使ったデザート。中には酒のムース、ベルガモットのクリームが詰められ、イタリア米を散らした一品。

Basic Lessons of Sake

Chapter 4

第四章

酒蔵を訪ねる

日本酒とくくってはみるものの、その個性はさまざま。
気候に適した酒米、酒を醸す風土、食文化と寄り添う味わい。
テロワールを肌で感じてこそ、その真髄もわかる。
日本酒ジャーナリストの松崎晴雄が、
全国8つの酒蔵を訪ねた。

全国日本酒マップ

Japanese Sake Map

新しい酒米や酵母が開発され、若い造り手が台頭する。気候や風土を映しながらも、日々刻々と進化を遂げる日本酒の産地動向を見てみよう。

低 ← 生産量 → 高

0 / 1,000 以下 / 1,000~5,000 / 5,000~10,000 / 10,000~20,000 / 20,000~100,000 / 100,000 以上

単位：kl／出典：国税庁HP「酒税／都道府県別の製成数量 平成23年度」

気候や原料から、新たな地域性を開拓

昔から概して東日本の酒はすっきりとした軽さがあるのに対し、西日本の酒はコクのある濃醇な風味が多いといわれる。これにはまず気候が大きく関与しており、東日本では酒造りを行なう冬季の気候が寒冷であり、発酵は穏やかに進み酸の少ない酒に仕上がる傾向がある。また夏場も比較的に冷涼であるため熟成が浅く、結果として淡麗な酒質になるのである。一方、西日本では冬は比較的に温暖で発酵も旺盛に進むためしっかりした酒になり、かつ年間を通じて温度が高いので熟成も進み、より濃厚で味わい豊かな酒になる。

その違いについては、原料となる米の性質によるところもある。酒造好適米の主産地を擁する関西、中国地方をはじめとする西日本の酒は、米がよく溶けて味の載りやすい好適米の特徴を反映し、たっぷりとした味のある酒質が主流である。逆に硬めで味の出づらい一般米を多く利用してきた、新潟や東北の酒を筆頭とする東日本の酒は、さっぱりとして軽妙な酒造りを得意としてきたといえる。このほかにも食文化との兼ね合いや、おもにその地域で活躍してきた杜氏の流派などが挙げられるが、日本酒の味わいの違いを生む要因として、気候風土によるところは少なくないといえるだろう。

近年は酒造技術が発達するとともに情報も一元化され、冷房設備などを導入し酒造りの環境も大きく改善されるようになった。その結果一概に気候や原料米だけで、日本酒の地域性を語ることはできなくなってきている。しかしながら新たに産地独自の酒質の傾向を打ち出していこうという動きは、以前にも増して活発になっている。とくにその傾向を強めているのが、各地で開発される新しい酒米や酵母だ。地域オリジナルの原料で酒造りに挑むことで産地特性を訴えかけ、さらに産地をブランド化することにもつながる。

全国各地で展開されるこの動きによって、地域単位の酒の香りや味わいの違いはより細分化されていく。それは飲み手にとって飲み比べの楽しみが増えるわけで、ありがたいことでもある。今日本酒は、新しい産地形成の時代に入ったのである。

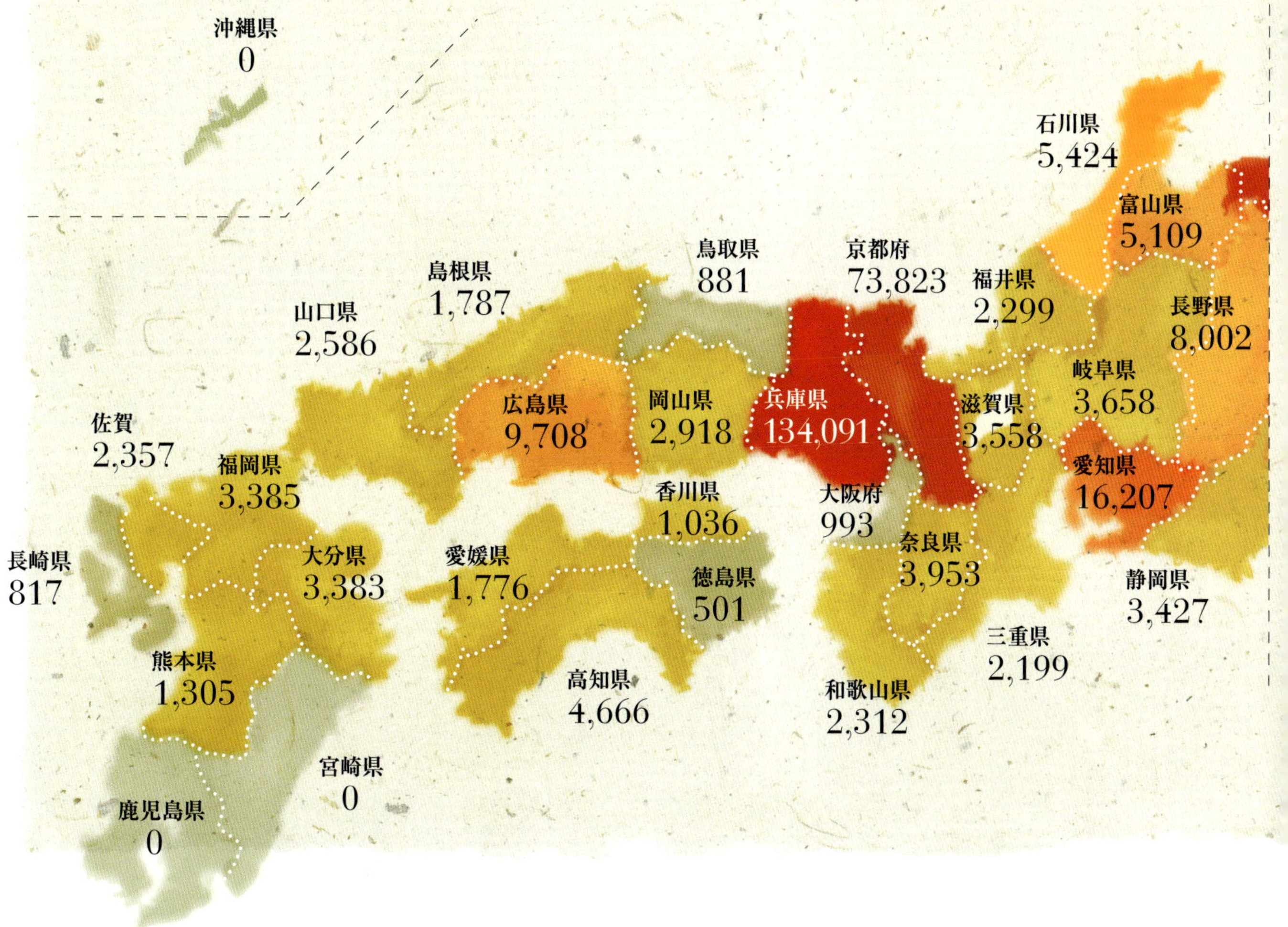

東日本の酒

Sake from Easten Japan

寒冷な地域が多く、濃い味付けの郷土料理を食す東日本では、重厚な酒質の日本酒が多く見られる。とくに東北地方や日本海側ではその傾向が顕著だ。しかし、新鮮な魚介類が名物の関東から中部地方にかけての太平洋側と、気温が非常に低い北海道では軽快な酒質の日本酒が醸されるなど、ひと言では語れない多様性をもつ。また人気の話題蔵が多いのも東日本の特徴といえよう。

秋田県

各地に約40蔵。一人あたりの消費量は全国2位。濃醇甘口が主流だったが、近年ではさまざま。県産酒米の秋田酒こまちや、秋田流花酵母などが有名。

岩手県

おもに北上川流域に約20蔵。南部杜氏の故郷。昔より高品質の酒が造られ、現在でも飲み口のきれいなタイプが多い。県産酒米に吟ぎんが、ぎんおとめ。

青森県

おもに弘前地区、八戸周辺に約20蔵。県産酒米に華吹雪、豊盃、華想いなど。伝統的な濃醇な味わいと、近年登場した吟醸系ニュータイプが混在する。

北海道

おもに札幌、旭川周辺に約15蔵。軽快な香味が多い。吟風、初雫、彗星などの酒米やハマナス花酵母なども開発され、新たなタイプも登場している。

福島県

会津、郡山、いわきを中心に約80蔵。山廃、生酛造りにこだわりつつも、平成に入り開発された、うつくしま夢酵母による吟醸酒も注目。やわらかな飲み口。

宮城県

各地に約30蔵。純米酒の比率が高い。米どころだけにササニシキなど食用米による酒造りも推進。淡麗タイプから濃醇タイプまで多様な香味の酒を醸す。

山形県

山形、米沢、鶴岡周辺を中心に約60蔵。吟醸酒の割合が高く、清々酵母、山形酵母など独自の酵母も多数開発。県産酒米の出羽燦々、出羽の里も有名。

参考文献：
『唎酒師必携』右田圭司（柴田書店）
『Tastes of 1212 日本酒ガイドブック』松崎晴雄（柴田書店）、
『日本酒のすべて』（枻出版社）、
『日本酒全国酒造名簿2009年版』（フルネット）

埼玉県

荒川、利根川流域と秩父周辺に30以上の蔵。東京(江戸)に近いことから昔より日本酒産業が発達。平成16年開発の県産酒米、酒武蔵による地酒が注目。

群馬県

前橋ほか利根川流域に約30蔵。やや濃醇かつ中辛口が特徴。県産酒米の代表は若水。近年は、群馬KAZE酵母の誕生で、華やかな吟醸酒など多様化。

栃木県

おもに小山、宇都宮周辺および那珂川流域に約35蔵。伝統的に越後杜氏、南部杜氏による濃醇甘口タイプが主流だが、近年は若手蔵元が注目され、人気銘柄も。

富山県

各地に約20蔵。甘口が主流だった昭和40年代から軽快な辛口を醸してきた。県内酒米の使用比率や精米歩合の平均値も高く、造りへの意識の高い蔵が多い。

新潟県

各地に約100蔵、一人あたりの消費量も全国1位。"淡麗辛口"というスタイルを造り上げ、歴史に名を残した。県産酒米としては五百万石、越淡麗が有名。

神奈川県

相模川流域、酒匂川流域を中心に約12蔵。日本三大名水とされる丹沢山系の伏流水を使用し、スムーズな飲み口、繊細な味わいに仕上げる。

東京都

多摩川流域と北区に約10蔵。軽快でスッキリした日本酒が多い。江戸伝統野菜などの食材が注目される中、東京産地酒の人気も高まっている。

茨城県

各地に関東最多の50蔵以上。軟水が湧き出す地域で、さわやかで丸みのある酒を醸す。県産酒米としてひたち錦、酵母にはひたち酵母がある。

福井県

福井、大野、敦賀、小浜など各地に約40蔵。淡麗ながら、上品で繊細な味わい。淡いうま味をもつ越前ガニや若狭産海産物と好相性を示す地酒。

石川県

能登、金沢、白山を中心に約35蔵。「加賀の菊酒」などと言われ、古来より銘酒処。県産酒米に石川門、金沢酵母など。能登杜氏を中心に、個性豊かな酒を醸す。

千葉県

太平洋沿岸や利根川流域に約35蔵。非常に個性的な酒を醸す蔵元もあるが、新鮮な魚介類と好相性を示す軽快な辛口タイプが本来の地酒の特徴。

岐阜県

木曽川、長良川、揖斐川と飛騨高山周辺に50以上の蔵。味わいが南北で濃醇型、淡麗型と明確に分かれる。近年、G(岐阜)酵母使用の吟醸酒の評価が高い。

長野県

千曲川、天竜川、姫川流域など各地に80以上の蔵。美山錦、金紋錦、たかね錦などの県産酒米。吟醸用のアルプス酵母が有名。全国屈指の日本酒銘醸地。

山梨県

ワインの銘醸地で知られる同県では約15蔵。南アルプスや富士山系の伏流水で仕込まれる日本酒の香味は、スッキリとした軽やかな味わいとなる。

愛知県

各地で40蔵以上。県産酒米に若水、夢山水など。たまり醤油、八丁味噌などの濃厚な郷土料理と好相性の甘口が多かったが、近年は新たなタイプも増加。

静岡県

富士川、天竜川、大井川流域などに約30蔵。やわらかな飲み口が特徴。昭和61年開発の静岡酵母により、吟醸酒の質が飛躍的に向上、全国に名を轟かせた。

三重県

四日市、名張(伊賀)、松阪などに約45蔵。県産酒米に雄山錦、富の香のほか、高品質の県産山田錦が有名。濃醇甘口が多いが、名張は淡麗タイプが主流。

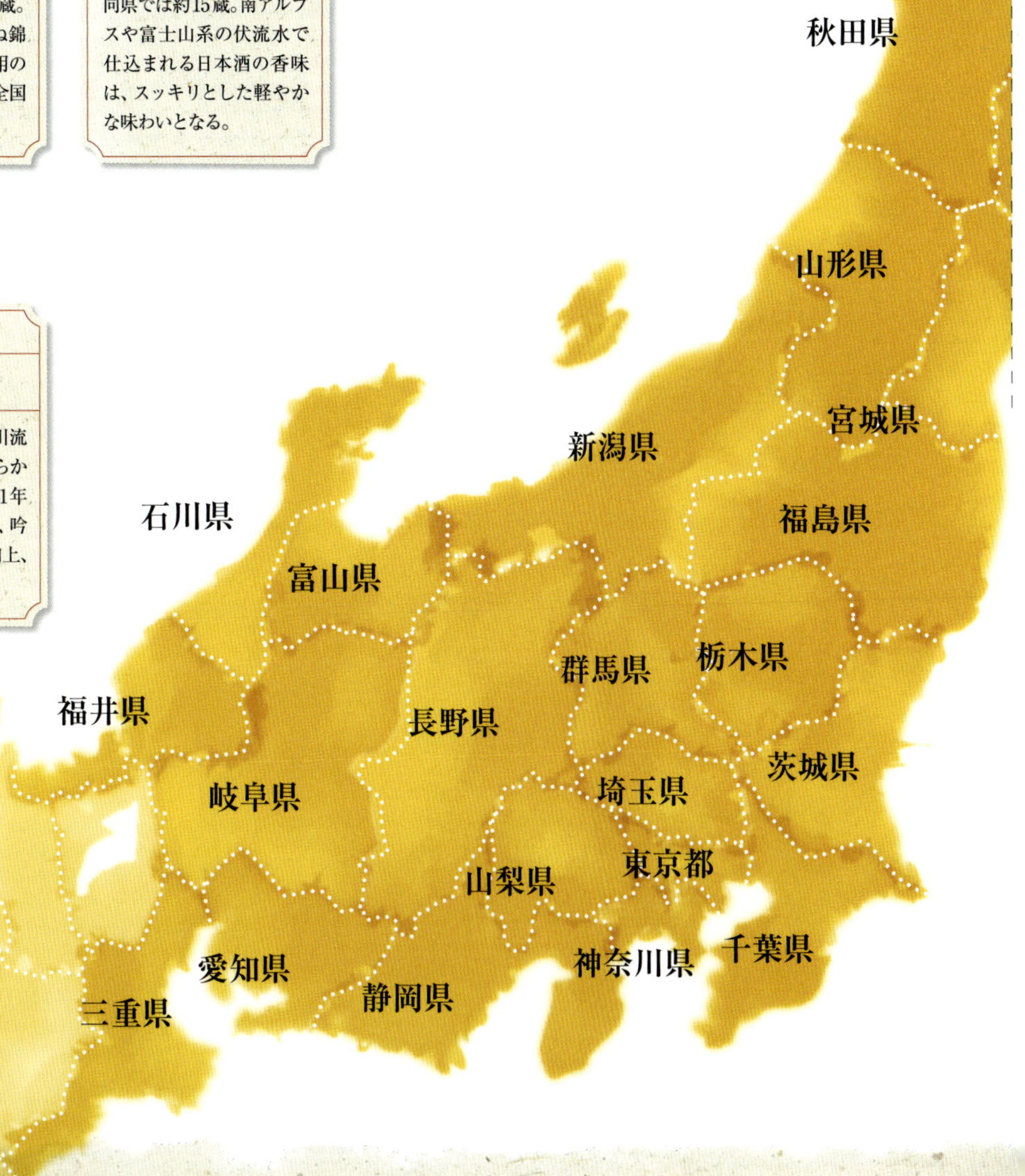

酒蔵を訪ねる ①

株式会社 平《ひら》孝《こう》酒造

東日本・宮城県――〝魚〟を意識した酒造り

Miyagi, East Japan

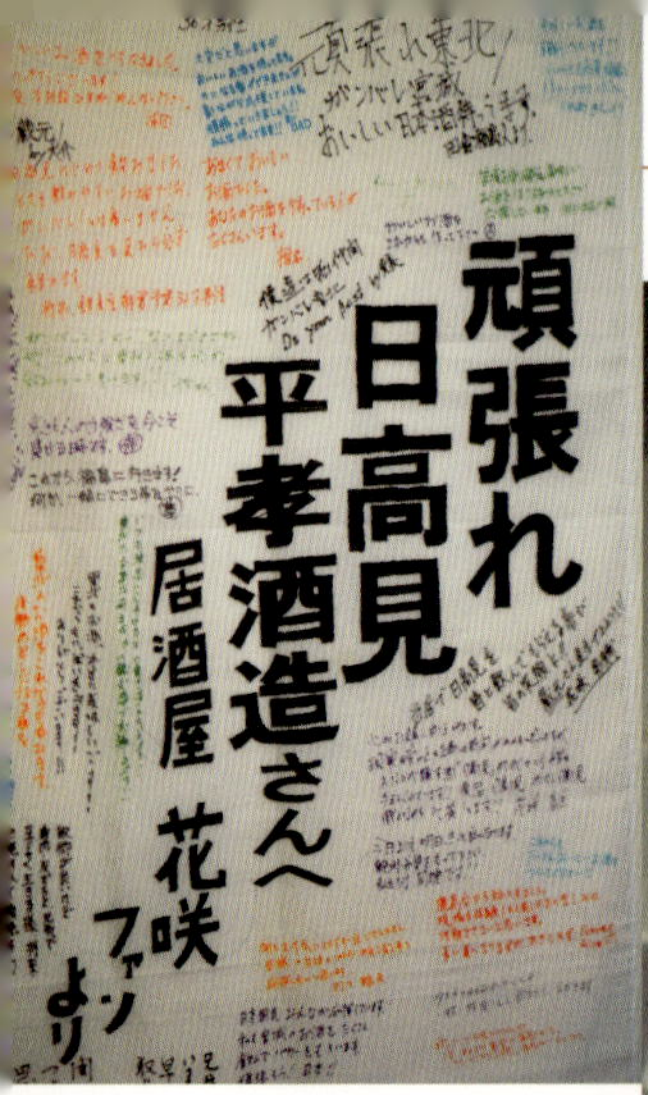
頑張れ
日高見
平孝酒造さんへ
居酒屋 花咲
ファンより

新しくなった仕込み蔵で、新製品「弥助」を手にして立つ平井孝浩蔵元。

震災では建物が流失することは免れたが、4棟ある造り蔵のうち2棟が被災。製品を保管する冷蔵庫なども壊れてしまった。取引先から贈られた蔵を応援する寄せ書き(上)、酒蔵に押し寄せた津波の痕を示す平井社長(中)。

「支援をいただいた人たちに報いるためにも、今まで以上によい酒造りに努めなければいけません」。

〝高く昇る太陽を仰ぎ見る土地〟、かつて「日高見」の国と称されていたその一帯を指す言葉には、そのような意味があるという。そして東北を代表する河川である北上川をはじめ、この地方を指す「北上」の語源にもなっている。

北上川の河口にあたる石巻市(宮城)で操業する平孝酒造が、地域の古称を主力銘柄に据えたのが1990年。現在社長を務める平井孝浩蔵元が東京での酒類卸の修行を終えて、蔵に戻ってきてからのこと。吟醸酒や純米酒といった高級酒を中心に、新たなブランドの構築を図っていく上で選定した酒銘である。そして漁港の町・石巻の酒蔵であるという立地を考えて、とにかく新鮮な魚介類に合うということを大前提に造り上げてきた。

全種類に共通するすっきりとした端正な飲み口からは、銘柄通り陽光を受けて輝く太平洋の水面のように、明るく澄んだ印象が伝わってくる。新たにラインナップに加わった「弥助」は寿司に合う酒を標榜し、構想から数年を経てようやく世に問うことになった自慢の新商品だ。従来の人気商品である「超辛口純米酒」のバージョンアップ版と考え出した純米吟醸酒で、この蔵の真骨頂といえる酒である。

周知のとおり2011年3月、東日本大震災で石巻は甚大な被害を被った。困難な状況の中にあっても酒を造り続けるのが地域の復興につながると信じ、震災直後も電気や水道などのインフラが整うと同時に酒造りを再開した。

「そのとき以来どれだけ多くの人たちから支援を受けて、励まされてきたことでしょうか。そのご恩に報いるためには、とにかく今まで以上によい酒を造り出さなければいけません。被災した蔵をただ原状回復するのではなく、品質、衛生、安全とほかのどこにも負けない設備をこの2年かけて整えてきました」。

自信に満ちて語る平井社長の言葉の中には、地域とともに災害を乗り越えていかなければという強い決意が感じられた。

日高見
超辛口純米酒

＊テイスティングコメント＊

軽いタッチの飲み口の中に、メロンやブドウなど爽やかな果実様の香りがある。後口にキリっとした辛さが引き立ち、すいすいと杯が進んでいくこの蔵の代表製品。すっきりとした透明感のある酒質で、新鮮な刺身のほか宮城特産の笹かまぼこなど、淡白な味わいの料理との相性が抜群である。

原料米：蔵の華
アルコール度数：15度以上16度未満
容量：720ml
希望小売価格：1,260円
日本酒度：+11
酸度：1.9
精米歩合：60%
使用酵母：宮城酵母
杜氏名：小鹿泰弘

新鮮な魚料理に合う、
端正な飲み口の
食中酒
超辛口純米酒
日高見
超辛
超辛口純米酒
寿司に合う酒を
コンセプトに
開発された

総ステンレス張りの仕込蔵は、清掃がしやすいという衛生面でのメリットに加え、断熱材が入っているので温度のムラがなく、高品質の酒を造るのに理想的な環境である。そのほか酵母を増やしていく工程の酒母室や、醪を搾る槽場といった場所も、雑菌に侵されないようにステンレスで囲われている。

日高見
弥助 芳醇辛口
純米吟醸

＊テイスティングコメント＊

「弥助」とは芝居の『義経千本桜』に出てくる寿司屋に由来する寿司の異称で、会話の中で隠語風に用いる風流な言い方であるという。きれいな含み香と小気味よい酸味が口中に心地よい一体感を織り成し、白身の魚やイカ、甲殻類など、甘みを含んだ寿司ネタのうま味を一層引き立てる。

原料米：蔵の華
アルコール度数：16度
容量：720ml
希望小売価格：1,890円
日本酒度：+6
酸度：1.5
精米歩合：50%
使用酵母：宮城酵母
杜氏名：小鹿泰弘
その他：ブレンド火入れ済

震災後2年かけてリニューアルした蔵の中は、出荷する製品の倉庫も冷房設備が施されている。最後まで工程管理、品質管理を徹底しているところに、苦難を乗り越えさらによい酒を造り出したいとの強い意思がうかがえる。

東日本・栃木県― 山田錦は創業来のこだわり

惣《そう》譽《ほまれ》酒造 株式会社

Tochigi, East Japan

河野遵社長は地の酒として生きるだけでなく、海外各地への輸出にも取り組んでいる。平成24年の酒造りにはフランスからワイン醸造の専門家も参加した。伝統的な生酛がどのように評価されていくのか、今後のグローバルな展開も興味深い。

酒米の王者「山田錦」を駆使して醸し上げる、洗練された深みのある味わいの酒 現代的風味の生酛仕込にも挑む

宇都宮から車で西へ向かうこと約30分。広大な関東平野も那須連山を遠くに仰ぐこのあたりまで来ると、緩やかな起伏を繰り返す地形に変わってくる。雑木林が点在するのどかな田園地帯にたたずむ惣譽の蔵で、創業以来周辺で産出される米を利用して酒造りが営まれてきたことは想像に難くない。ところがこの蔵で特筆すべきは、兵庫県特A地区産の山田錦の使用量が全国でもトップクラスを誇ることにある。

「先代の時代から良質な酒米を仕入れることに熱心で、昭和50年代にはある程度の量の山田錦が入るようになっていました」

河野遵社長によるとほかの米にはないやわらかな風味が出るのが山田錦の特質であるという。今でこそ一番人気の酒米として全国で使用されている山田錦であるが、当時特に東日本ではほんの一握りの酒造家しか手に入らない希少な米であった。それでもスタンダードな普通酒に至るまで麹造りにはすべてこの米を用いるなど、贅沢な酒造りを行っている。それもおいしい酒

惣譽
特別純米酒
辛口

＊テイスティングコメント＊

甘くみずみずしいメロンを思わせる厚い香り。香りの印象をそのまま増幅したような感触に酸味がしっかりと行き渡り、端正なイメージで締めくくる。山田錦ならではの芳醇な味の要素を引きだしながら、生酛仕込みの厚み、深みを加味している。料理の種類を問わない万能の食中酒タイプ。

原料米：兵庫県産 山田錦
アルコール度数：15度
容量：720ml
希望小売価格：1,398円
日本酒度：非公開
酸度：非公開
精米歩合：60%（自家精米）
使用酵母：非公開
杜氏名：阿部孝男

温故知新を感じる現代的な生酛

世界でも高く評価されそうな、万能の食中酒

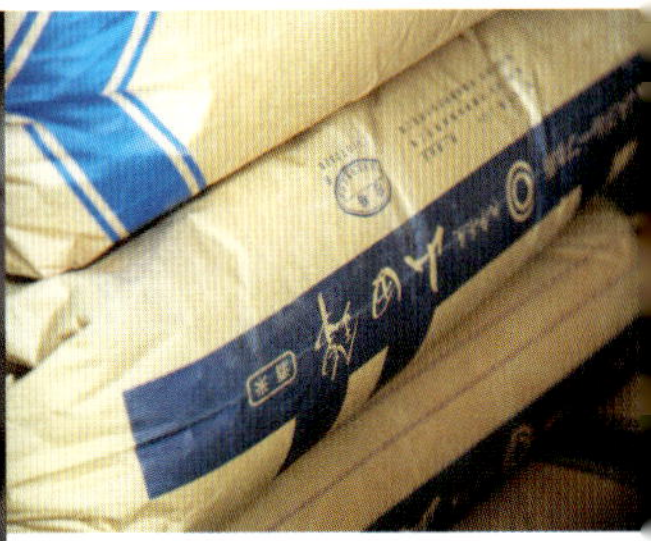

山田錦は主産地・兵庫で特A地区にランクされる吉川（よかわ）、東条地区のものを中心に使用。そのほか県内で酒造好適米の契約栽培も行っている。

惣譽
生酛仕込
純米大吟醸

＊テイスティングコメント＊

熟したリンゴのような香気が口中を駆け抜ける、すっきりとした軽快な第一印象。そのまま切れていくのではなく、徐々に味わいの厚み、練れてやわらかな感触が現れ、味の流れのなかでひとつの"タメ"ができるように感じるのは、生酛仕込みによるところだろうか。生酛のうま味と大吟醸の繊細さ、双方の長所が融合した酒。

原料米：兵庫県吉川産 山田錦
アルコール度数：16度
容量：720ml
希望小売価格：3,240円
日本酒度：非公開
酸度：非公開
精米歩合：45%（自家精米）
使用酵母：非公開
杜氏名：阿部孝男

随所に長い歴史を感じさせる、創業以来140年を誇る酒蔵。しかしながら東日本大震災では母屋などが大きな被害を受けた。建て替えも進み、新旧の建物が敷地内に並び調和を保つところも酒質と同じ趣が感じられる。

を造って愛飲してくれる地元の人たちに応えたいという良心からで、「地の酒に生きる」がこの蔵のモットーである。現に今でも生産数量の95%が近隣を主体に栃木県内で消費される、いわば典型的な地酒蔵。その恩恵に浴している地元の人たちも幸せ者だ。

近年は米に対するこだわりだけでなく、伝統的な手法である生酛仕込みにも力を注いでいる。生酛というと濃厚で酸を効かせたどっしりした酒質というイメージがあるが、この蔵のそれは芯のしっかりとしたなかにも洗練された気品のある味わいが感じられる。これも山田錦を知り尽くした上で駆使している惣誉の特徴といえるだろう。まさに温故知新ともいうべき、古法を活かした現代の嗜好に見合った風味。これぞ古くて実は新しい、日本酒の真髄を見たような気がする。

東日本・新潟県―モノポールを目指して

合名会社 渡辺酒造店

Niigata, East Japan

全部で68枚ある自社栽培の田んぼには、それぞれナンバーが付され品種と面積が記されている。中には無農薬栽培を手がけているところも5カ所ある。NO.1の田んぼの周辺では特等にランクされる米が収穫される。

「日本酒もワインのように、原料である米による味わいの個性を重視し、その土地でしか得られないものに付加価値をもたせていくことが大切だと思います」

新潟県の西端に位置する糸魚川市。翡翠の産地として知られる姫川に直角に合流する支流・根知川。東から西に向かって流れ降りるこの川沿いに、緩やかな傾斜をもって拓かれた根知谷は、酒どころ新潟を牽引する優良な酒米、五百万石の産地として知られてきた。朝晩は風が川上である山側から川下に向かって吹きおろし、日中は逆に川下から川上へと吹き上げる。傾斜地であることによって水の管理がしやすいことに加え、それぞれ一定の方向に風が吹くこの土地は、稲にとって非常に理想的な環境にあるという。

優れた米を生み出すこの地にたたずみ、銘柄にもその名を冠したこの蔵が、酒米の契約栽培を始めたのは1998年のこと。その後2003年からは自社で栽培も行なうようになり、今では使用する原料米の7割が自家田で収穫されたものである。自分たちで育てていくことで米に対する愛着や執着が生まれるが、何と言っても的確に米が分かって酒造りができることが強みだと、蔵元の渡辺吉樹さん。

酒造りが終わる春先には苗作りが始まり、自分たちで作った

根知男山
nechi 2010
五百万石

＊テイスティングコメント＊

甘みが緩やかにほどけていくところに、苦みや渋みがかすかに交錯する。五百万石で造られる酒は概して、穏やかな香味の特徴からおとなしい印象を与えるといわれるが、特等米で醸し出されたこの酒は、米がもつ潜在性を上手に引き出し、みずみずしい張りを表現しているといえるだろう。

原料米：五百万石
アルコール度数：16度
容量：720ml
希望小売価格：非公開
日本酒度：非公開
酸度：非公開
精米歩合：非公開
使用酵母：非公開
製造責任者：広川吉久

稲作に理想的な地に蔵を構え、米作りから酒造りまで一貫した体制で臨む。当然精米にも強いこだわりが。

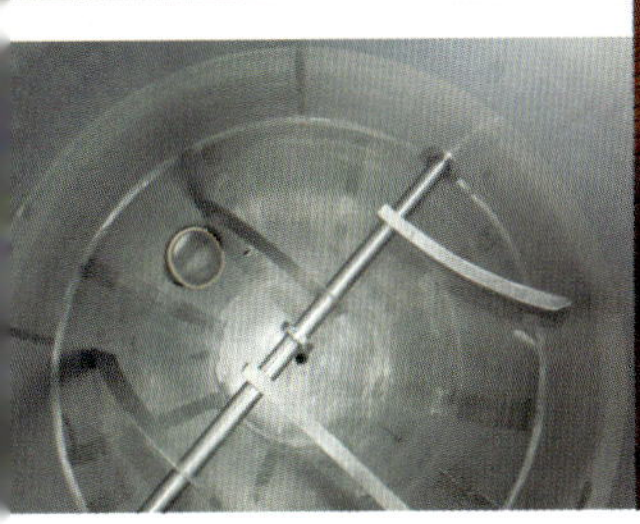

酒蔵の中は温度管理などに優れた能力を発揮する、近代的なステンレスのタンクが並ぶ。このような設備があることで品質も安定感が増し、若手社員も定着したという。

根知男山
nechi 2010
越淡麗

＊テイスティングコメント＊

2008年から根知谷で作付を始めた越淡麗を使用。県で新たに開発した山田錦と五百万石を掛け合わせた品種で、同じ製法と同じ年度でも原料米による違いが明確に伝わってくる。含んだ際のふくらみの厚さが求心的に働き、味の密度の濃さを感じさせ、後味の広がり方も伸びやかである。

原料米：越淡麗
アルコール度数：16度
容量：720ml
希望小売価格：非公開
日本酒度：非公開
酸度：非公開
精米歩合：非公開
使用酵母：非公開
製造責任者：広川吉久

苗を契約栽培の農家にも供給しているという。このように原料から一貫して酒造りの体制を確立している酒蔵は現状ではまだ珍しい。

「山田錦以外で特等にランクされる米が出て、そのエリアを限って商品化している日本酒はありません。私たちはワインでいうモノポール（単独所有畑）を目指しています。日本酒もワインと同じようにその生産地でしか得られないものに付加価値をもたせることで、ジャーナリズムも発展し、飲み手の楽しみも広がっていくものだと思っています」。

酒造りの技術的な要素を訴求するのではなく、風土に根ざした酒質の個性こそが世界に向けて発信できる日本酒の素晴らしさだと、蔵元は語る。

05年から発売を始めた、山を背景に集落の風景を描いたラベルの「nechi」シリーズ。アルファベットの商品名や米の収穫年度を表示しているところから、外観は日本酒というよりもワインのように見える。「根知」というテロワールに賭けるこの蔵の在り様を示す、象徴的な酒といえるだろう。

東日本・福井県―大吟醸のパイオニア

黒龍酒造株式会社

Fukui, East Japan

越後、南部、能登、各流派による杜氏の変遷を経て、現在は社員による酒造りが営まれている。「杜氏ひとりに委ねると、どうしてもその人に依存してしまいます。これからは社員を育て、酒造り全体の水準を上げることが必要です」と水野社長は語る。研究室では若いスタッフが分析を行なっていた。

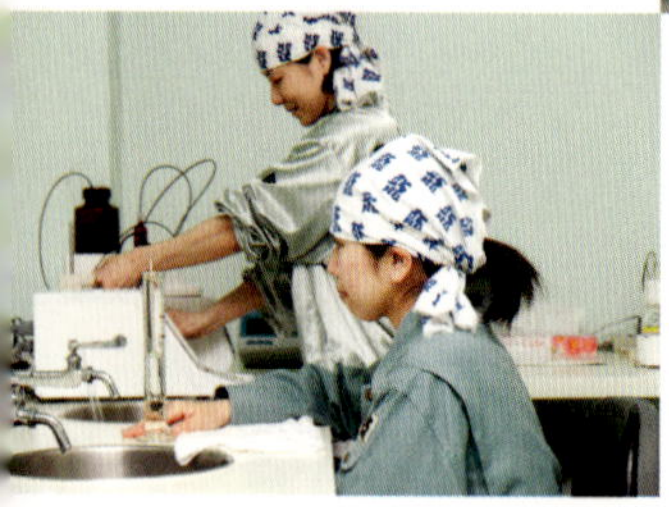

「地酒として地域の風土を守っていくことも大事です」。日本を代表する吟醸蔵は、地元の米作り（農業）との共生を目指す。

高度経済成長に支えられ、酒を造れば売れるといわれていた昭和40年代。特級・一級・二級という酒税の違いによる級別があるだけで、純米酒、吟醸酒といった製法による価値基準がまだ定まっていなかった時代である。

「その頃現会長の水野正人は、福井という土地柄、カニに合う酒をテーマにしていました」と語るのは、現在黒龍酒造8代目当主の水野直人社長である。カニに代表される魚介類に合い、和紙でも知られる水のよさを反映し、淡麗辛口で鳴らしていた新潟酒とやわらかくふくよかな京都酒の中間的な味わいという、福井の立地を総合的に合わせて〝本当によい酒とは何か〟ということを模索していたという。

その中で昭和50年に全国発売に踏み切ったのが、今でも人気商品のひとつである大吟醸酒「龍」。人に先んじて原料米を40%精米する高精白に挑み、当時日本酒といえば醸造アルコール、醸造用糖類を加えて造られる三倍増醸酒（これらの副原料を用いるため、米、米麹だけで造られる純米酒の3倍の量ができる酒を指す）が主流の時代に、高価な大吟醸酒を市販化して勝負に出た。このような試行錯誤を繰り返しながら、今では日本を代表する吟醸蔵としてゆるぎない地位を保つようになったのである。

先代も現社長もワインには強い関心を示している。今この蔵が大事に考えているのは、原料である米に携わり米を知らなければいけない日本酒も、ワイン同様農業から入っていくこと。福井は優良な酒米、五百万石の産地でもあり、地元の若い人たちに米作りや酒造りに接してもらう取り組みも進めている。それが地域の中で農業と酒造りをつなげていく、酒蔵の使命でもあると語ってくれた。

黒龍
大吟醸 龍

＊テイスティングコメント＊
ブドウやメロンのような香気が交錯し、シャープな後口のキレ味をもって収まっていく。先代社長はワインにも強い興味を示し、ドイツなどのワイン産地を訪ねてヒントを探し「熟成」にも関心を寄せていたという。1年近くの熟成を経て出荷される、ほどよく落ち着いた風味に気品を感じさせる。

原料米：
兵庫産 山田錦
アルコール度数：15度
容量：720ml
希望小売価格：4,320円
日本酒度：+5
酸度：1.0
精米歩合：40%
使用酵母：蔵内保存酵母
杜氏名：畑山浩

醸造工程は松岡藩の城下町・旧松岡町内にある本社（右下）の仕込蔵で行なわれているが、2005年から貯蔵から瓶詰までは、数キロ離れた「兼定島《けんじょうじま》・酒造りの里」と名づけられた別の場所で行なわれている。同所に掲げられたシンボルマーク、720ml製品のボトルに刻印されている（下）。

〝日本酒を楽しむ文化を創る〟のもこの蔵が掲げるテーマ。独自に考案した燗酒用器具「燗たのし」（下）。

燗にして映える
大吟醸を
コンセプトに
開発された

大吟醸酒市販の
パイオニア、
洗練された
美質を語る

九頭龍
大吟醸燗酒

＊テイスティングコメント＊
熟したメロンのような厚く深みのある吟醸香。ベースに苦みが効いて複雑な味の断面をのぞかせている。燗をすると味に丸みが出ると同時に、ほんのりとした酸味も感じられ、より味の立体感が引き立つ。冷酒専用という概念を覆すのが決して奇をてらうのではなく、王道を行く味わい重視の吟醸酒だ。

原料米：
福井県産 五百万石
アルコール度数：15度
容量：720ml
希望小売価格：2,700円
日本酒度：+5
酸度：1.1
精米歩合：50%
使用酵母：蔵内保存酵母
杜氏名：畑山浩

平成6年から操業する鉄筋3階建ての整然とした酒蔵の内部。昭和50年代後半から吟醸酒のブームが訪れ、北陸地方の銘醸蔵が一気に脚光を浴び始めることになった。

東日本・岩手県

株式会社 南部美人

南部流を継承し 若い飲み手からの 支持を集める

地元産の米を主体にしたすんなりとした軽い味の流れに、やわらかな飲み口が加わった酒質に特徴がある。かつてこの蔵に在籍してきたベテラン杜氏たちが培ってきた南部流の伝統を、若い蔵人たちが受け継ぎ進化させながら酒造りにあたっている。

その中心的な存在で製造の責任者でもある久慈浩介社長は、日本酒の魅力を発信すべく国内だけでなく海外各地を奔走する。東日本大震災の直後にはユーチューブで、宴会や花見を自粛せず日本酒を飲むことが地域の復興につながることを訴えかけ、多くの人たちの共感を呼んだことは記憶に新しい。

そのような活動のほか、全量麹仕込みによる濃厚な甘口タイプの「All Koji」、ベースに日本酒を用いることで砂糖を加えずに甘みを引き出した「無添加梅酒」など、現代の嗜好に見合った新しいタイプの酒も生み出し、高く評価されている。若い消費者の間では日本酒を代表するブランドとして確固たる支持を集めている。

南部美人 大吟醸

＊テイスティングコメント＊
イチゴ、メロン、パイナップルなど、さまざまな果物をミックスしたような香気が立つ。甘美な印象を保ちながら、後口はほどよい苦みをもって収斂。熟練した南部杜氏の技術力を継承し、吟醸造りのキャリアの長さを感じさせる完成度の高い大吟醸酒。

原料米：ぎんおとめ
アルコール度数：16度以上17度未満
容量：720ml
希望小売価格：2,970円
日本酒度：＋5
酸度：1.3
精米歩合：40%
使用酵母：ジョバンニ
杜氏名：松森淳次(南部杜氏)
その他：地元二戸産の酒造好適米、ぎんおとめ特等級。

南部美人 All Koji 2013

＊テイスティングコメント＊
仕込む際に掛米を用いず、全量を米麹で仕込む新感覚の酒（通常、麹の使用量は米全体の20%程度）。濃密な甘みを酸が縁取るように引き立てる、リキュールのような感触。食前、食後に向くほか、ロックや炭酸割り、イチゴを入れてカクテルのように飲むのもおすすめ。

原料米：トヨニシキ
アルコール度数：15度以上16度未満
容量：500ml
希望小売価格：1,836円
日本酒度：－20
酸度：3.5
精米歩合：65%
使用酵母：M310
杜氏名：松森淳次(南部杜氏)

東日本・秋田県

新政酒造株式会社

革新と伝統の組み合わせに注目 気鋭の酒蔵

新政 亜麻猫

＊テイスティングコメント＊
甘みと酸味が双方の味を引き立たせるように並び立ち、その背後には落ち着いた苦みも介在する。白麹の使用について奇をてらったと理解される向きもあるかもしれないが、芳醇さと清酒本来の五味の調和を感じさせる風味には、新しい感覚の食中酒としての素地を充分に感じさせる。

原料米：秋田酒こまち
ほか、秋田県酒米
アルコール度数：15度
容量：720ml
希望小売価格：1,500円
日本酒度：−2
酸度：2.2
精米歩合：60%
使用酵母：きょうかい6号
杜氏名：鈴木隆
その他：白麹使用

新政 NO.6 S-TYPE

＊テイスティングコメント＊
ミツを含んだリンゴのような甘みと、豊かに息づく歯切れのよい酸味が表裏一体となった、若くて張りのあるみずみずしい酒質。「6」は当然6号酵母を指す。挑発的なボトルの外観に、クラシックな酵母でモダンな酒質を実現する、この蔵のコンセプトがよく表現されている。

原料米：秋田酒こまち
ほか、秋田県酒米
アルコール度数：15度
容量：720ml
希望小売価格：1,600円
日本酒度：±0
酸度：1.9
精米歩合：50%
使用酵母：きょうかい6号
杜氏名：鈴木隆

穏やかな香りとしっかりとした発酵力を引き出す、きょうかい6号酵母は、昭和初期にこの蔵から採取され実用化された。以後、現代に至るまで全国的に利用されている酵母の中では、いちばんのロングセラーになっている。この伝統的な酵母にこだわりながら、同じ酵母で原料米を変えて味わいの違いを訴求する「ヤマユ」シリーズや、もっぱら焼酎造りで使用される白麹を用いることで独特の酸味を感じさせる純米酒「亜麻猫」など、今までにない新しい発想をもって革新的な酒質に挑み続けている。

現在、造る酒の全量が純米酒規格、しかも原料米のすべてが秋田産だ。酒母造りにおいても全量生酛系とすることで、全国に先がけて醸造用乳酸の添加を廃止している。また県内5つの若手蔵元で酒造りを分担して行なう「NEXT5（ネクストファイブ）」の取り組みなど、今や銘醸地・秋田だけでなく新たな日本酒の可能性を拓く〝風雲児〟として、全国より一身に注目を集めている。

勝山酒造株式会社

米由来の甘みをもとに目指す至高の食中酒

伊達藩の御用酒屋として創業し仙台市中心部に酒蔵を構えていたが、平成17年同市内北部に移転。これを機に製造する酒の全量が純米造りになった。「日本酒のテロワールで水は重要な要素」と蔵元自らが語るように、仕込みに同地の軟水を用いることで、この蔵が目指す〝透明感のある米のうま味〟を有した、なめらかでキメ細かい酒質へと劇的に変貌を遂げた。

高品質の酒造りへと舵を切ると同時に、かつて殿様が嗜んだ酒の楽しみ方を現代風にアレンジし、西洋料理にも対応する飲み方〝モダン酒道〟を提唱。そこから生まれた「暁」「元」などのラインナップは、濃密な甘みと酸味を一体化させたかつてないタイプの高級日本酒群だ。脂肪分の多い肉料理などに合わせる際に、酸ではなく酒のもつ豊かな甘みで脂を切るという発想は、斬新な中にも日本酒の潜在力を引き出す真理がある。スケールの大きい食中酒としての、今後の飛躍が期待されている。

勝山 元《げん》 ルビーラベル

＊テイスティングコメント＊

アルコール度数は12度だが、圧倒的な甘みのボリュームがある。一方でこの甘みを引き立てている、さわやかな酸の存在も見逃すわけにはいかない。この両方が並び立つことで立体感があり輪郭のはっきりした酒として輝きを放つ。仕込水の量が少ない元禄時代の製法を現代的に再現したユニークな酒。

原料米：兵庫県口吉川町産 特A地区 山田錦
アルコール度数：12度
容量：720ml
希望小売価格：32,400円
日本酒度：－116
酸度：3.3
精米歩合：50%
使用酵母：非公開
杜氏名：後藤光昭

勝山 ダイヤモンド鴒《れい》

＊テイスティングコメント＊

さまざまな果実を中央に凝縮させ、そこから湧き出るように広がっていく香りの余韻の長さと、味わいの密度の高さ。ピュアな甘みが求心的に働き、香味全体をつなぎとめている感じだ。酒を搾る際に遠心分離による特殊製法を採ることによって、独特の繊細でなめらかな感触が実現した。

原料米：兵庫県口吉川町産 特A地区 山田錦
アルコール度数：15度
容量：720ml
希望小売価格：54,000円
日本酒度：－34
酸度：2.2
精米歩合：35%
使用酵母：非公開
杜氏名：後藤光昭

東日本・福島県

有限会社 仁井田本家

全国で唯一自然米のみを用いる純米蔵

「自然酒」の名称で無農薬米を使用した純米酒の製造を手がけてきたパイオニア。原料米は自家田と契約栽培農家で耕作され、創業３００年を迎えた平成23年より製造、販売するすべての酒が農薬、化学肥料を一切使用しない自然米による純米酒となっている。

製品全体に米に由来する醇味を効かせ、とにかくうま味のしっかりした酒を造り出すのがこの蔵の持ち味で、とくに看板商品の「自然酒」シリーズはとろりとした濃厚な甘みが特徴となっている。一方「穏（おだやか）」の銘柄で展開する製品には軽快さとやわらかさがあり、平成25年春の福島県新酒鑑評会では吟醸酒の部で出品した純米大吟醸が県知事賞（1位）を受賞。平成25酒造年度（平成25年7月から26年6月まで）の造りから「自然酒」はすべて山廃造り、「穏」は全量白麹を使った酒母に切り替えるなど、自然派の酒造りを推し進める。基本となるテイストを維持しながらも、個性と技術の両方を備えた酒蔵として進化を続けている。

金《きん》寶《ぼう》自然酒 優撰 自然酒 純米原酒

＊テイスティングコメント＊

ナッツやイモなどをミックスしたようなふくよかで厚い香り。芯に濃厚な甘みがたたずむ、とろりとした飲み口の密度の濃さは、まさに米のエキスといった感触だ。甘さに押され気味ではあるものの、酸味や苦みなどが隠し味として働き、食後酒というより食事とともに飲み進めることのできる甘口酒。

原料米：豊錦
アルコール度数：17度
容量：720ml
希望小売価格：1,231円
日本酒度：－16
酸度：1.4
精米歩合：70%
使用酵母：1001号
杜氏名：仁井田穏彦

穏《おだやか》 特別純米酒

＊テイスティングコメント＊

熟したメロンに似たみずみずしい感触を保ちながら、酸味と甘みがそそり立つ。その後で裾野のようにゆったりと広がっていく、豊潤なうま味が心地よい。有機無農薬米による酒造りを掲げるが原料、スペックよりもまず、思わず唸りたくなる、その酒としてのおいしさに感服する。

原料米：五百万石
アルコール度数：15度
容量：720ml
希望小売価格：1,382円
日本酒度：＋2
酸度：1.4
精米歩合：60%
使用酵母：1401号
杜氏名：仁井田穏彦

宮泉銘醸株式会社

銘醸地、会津からデビューした新世代のホープ

県の面積では北海道、岩手に次ぎ全国3位の福島県。この広い地域に点在する酒蔵の数は多く、うま味を備えたやわらかな甘みのある味わいに共通性はあるものの、酒質や製造規模、蔵の考え方など、多様性が感じられるのが福島の酒だ。近年、全国新酒鑑評会の金賞受賞点数では毎年1、2位を争う吟醸産地としても名を馳せるようになり、新たに若い造り手が台頭するなど、隠れた原石が眠る産地のひとつとして注目を集めている。

酒蔵は県内一の酒どころである会津若松市内、会津鶴ヶ城を仰ぐ一角に建つ。従来の主力銘柄「宮泉」とは一線を画し、宮森義弘社長が蔵を引き継ぐ際に再構築したのが「寫楽」ブランド。初心者の人でもわかりやすく、おいしい酒に親しんでもらいたいという設計のもとに、火入れ後の急冷や瓶貯蔵による全般的に弾けるようなフレッシュな感触が貫かれている。磨かれたダイヤモンドのように、福島酒のホープとして輝きを放ち続けている。

寫楽 純米吟醸

＊テイスティングコメント＊
夕張メロンを思い起こさせるような、ジューシーな感触。味わいの中心にはミツをたたえたような甘みが据わり、終始ピュアな甘さが一定線を保つ。五百万石は会津でも作付の盛んな酒米。甘みを核にしたみずみずしい味わいに、この米を用いた酒での新境地を感じさせる。

原料米：
会津産 五百万石
アルコール度数：16度
容量：720ml
希望小売価格：1,620円
日本酒度：+1
酸度：1.3
精米歩合：50%
その他：搾った酒を1回の火入れで瓶詰貯蔵。

寫楽 純米大吟醸 しずく取り

＊テイスティングコメント＊
細かく刻み込まれたように、ぴちぴちと口中に躍動するイチゴのような香気。丸くやわらかな甘みにかすかな苦みが陰影をつけながら香りと味が優雅に流れていく。甘露な印象だがすんなりとした引き際の清々しさに、味の控えどころを心得た東北酒の本領を見る思いがする。

原料米：
兵庫県 山田錦
アルコール度数：16度
容量：720ml
希望小売価格：4,428円
日本酒度：+1
酸度：1.4
精米歩合：40%
その他：搾った酒を1回の火入れで瓶詰貯蔵。

渡辺酒造株式会社

新興産地
栃木を代表する
技術に優れた実力派

県独自の酒米、酵母の開発だけでなく、優れた技能と人格を備えた人材を認定する「下野杜氏」という制度を立ち上げ、関東地区では日本酒の産地として一歩抜きん出た感のある栃木県。

製造技術に携わる若手が次々に登場し活況を呈する中で、全国新酒鑑評会や関東信越国税局の鑑評会などにおける成績に目を見張るものがあり、安定した造りを誇っているのがこの蔵である。もとは明治中期に越後杜氏の家系であった初代が蔵を興したという発祥の歴史にも、技術力の高さをうかがわせる。

華やかな香りとふくよかな味わいで均整の取れた吟醸酒質の評価が高いが、やわらかく練れた飲み口が心地よい生酛造りの人気もまた高い。さらに低精白の米で造った純米酒など、これらの製品を別ブランド「たまか」シリーズで展開している。大吟醸酒から普通酒に至るまで、各製品にはそれぞれの造り方による特徴が反映されており、総じてコストパフォーマンスにも優れている。

旭興 純米吟醸

テイスティングコメント

酸味、苦み、渋みなどを巻き込みながら、ふくぷくと広がるジューシーなうま味に特徴がある。吟醸酒特有のあでやかな香りが強く出すぎず、酸味が上手に働きながら、香りと甘みをうまくつなぎとめている。香りの特質を求めつつ、豊かな味でバランスをとりながらまとめ上げた酒。

原料米：山田錦
アルコール度数：16度
容量：720ml
希望小売価格：1,836円
日本酒度：＋4
酸度：1.5
精米歩合：48%
使用酵母：
きょうかい601号、701号、1401号、1801号
杜氏名：石井浩

旭《きょく》興《こう》 純米酒

テイスティングコメント

地元大田原市産の酒米ひとごこちを使用。米に由来する香ばしい香気をもった濃厚な風味で、肉厚な味わいの中にもイチゴやメロンのようなきれいな果実香があり、ひと口含むたびにそのふくよかな香気が鮮明に現れてくるような感覚がある。

原料米：
大田原産 ひとごこち
アルコール度数：16度
容量：720ml
希望小売価格：1,296円
日本酒度：＋3
酸度：1.6
精米歩合：60%
使用酵母：きょうかい701号
杜氏名：石井浩

東日本・群馬県

島岡酒造株式会社

山廃と地元産好適米にこだわる関東の雄

江戸末期の創業以来、伝統的な山廃による酒母造りを絶やさずに続けてきた数少ない蔵元である。

主力製品の多くは2年から3年の貯蔵期間を経て出荷される。深い熟成感を伴った山廃固有の濃密な酸味が効いて、独特の味わいに仕上がっており、その味わいが固定的なファン層を維持してきた。近年はこのような酒質とは対極的な、さわやかな酸味に特徴のある純米吟醸「淡緑」(新酒、4月から11月の限定出荷)や、フレッシュな風味の生酒など、季節商品もラインナップに加えて新たなファンを獲得し、好評を博している。

この蔵で使用する原料米の主体は「若水」という品種だが、今から30年ほど前関東地方にはまだ酒造好適米のない時期に、この米の作付を進め定着させてきた。元来は愛知で生まれた品種であるが、その後関東各県であらたにデビューする新品種開発の気運を生むことになった。地元産の好適米による酒造りでは、県内でも第一人者といってもいいだろう。

群馬泉 山廃酛純米

＊テイスティングコメント＊

カカオやカラメル様の香りが立ち、練れた酸味が味の中心をなし、それをもとに求心的なまとまりが感じられる。熟成感だけでなく、造りにまつわるさまざまな味わいの切り口を提供する、深くかつ丸みのある酒質。円熟味と同時に後に引く余韻も深く、かつ長い。

原料米：若水、あさひの夢
アルコール度数：15.2度
容量：720ml
希望小売価格：1,240円
日本酒度：＋3
酸度：1.7
精米歩合：60%
使用酵母：きょうかい7号
杜氏名：島岡利宣

群馬泉 淡緑 純米吟醸

＊テイスティングコメント＊

先代社長は日本刀の収集家でもあり、この酒銘も源義経の名刀の銘に因む。まさに名刀の切れ味を思わせるシャープな酸味があり、それがほかの味わいを後に従えつつ、ぐんぐんと前進していくような確かな歩調に似た飲み応えがある。後味にも強い酸味の余韻が残る。

原料米：若水
アルコール度数：15.2度
容量：720ml
希望小売価格：1,800円
日本酒度：＋3
酸度：1.6
精米歩合：50%
使用酵母：群馬2号
杜氏名：島岡利宣

宮尾酒造株式会社

美しい鶴のごとく
エレガントな
淡麗辛口

〆張鶴 吟撰

＊テイスティングコメント＊
引き締まった辛さの中にもエレガントな香気がのぞく、正当な新潟吟醸という趣の酒である。引き際にほのかにただよう熟したメロンのような香りがアクセントをなし、すっきりしてモノトーンの画面を思わせる香味の流れに、かすかな色合いを与えているかのような印象である。

原料米：山田錦
アルコール度数：16度
容量：720ml
希望小売価格：1,836円
日本酒度：＋5
酸度：1.3
精米歩合：50%
使用酵母：非公開
杜氏名：吉田修
その他：吟醸酒

〆張鶴 純米吟醸 純

＊テイスティングコメント＊
かすかにリンゴなどの果実香を有し、端正な流れの中にも確かな米の味わいが感じ取れる、バランスのよい品格ある好酒。県内ではいち早く純米酒を市販化した先駆けであり、「純」という一文字に詰められた、新潟の純米酒はこうあるべきだという哲学が伝わってくるような酒である。

原料米：五百万石
アルコール度数：15度
容量：720ml
希望小売価格：1,620円
日本酒度：＋2
酸度：1.3
精米歩合：50%
使用酵母：非公開
杜氏名：吉田修

全製品に共通するすっきりとしたきれいな感触に続く、キリっと引き締まった飲み口。「淡麗辛口」と称される越後酒の典型であり、また北国の酒のアイデンティティともいえる透明感のある酒質に一貫性がある。それでいてほんのりとしたきれいな甘みや後に引く上品なうま味を備えているところは、仕込み水が軟水であり、全体に精米歩合が高いこと、また炭素による濾過をほとんど行なわないなど、造りの要所に蔵のこだわりがある。まさに銘柄どおり鶴の麗姿を思わせる、凛としてエレガントな酒質を生む所以でもある。

　数多の銘酒が居並ぶ新潟にあって、ベストセラーともいえる純米吟醸「純」は昭和40年代に発売を開始するなど、早くから吟醸酒や純米酒造りで実績ある蔵として名を上げてきた。酒蔵のある村上市は、新潟県最北に位置するサケで有名な町。ここでは何通りもの食べ方が存在するというサケ料理をはじめ、魚介類全般に合うのはいうまでもない。

東日本・長野県

宮坂醸造株式会社

7号酵母発祥の蔵
現代の日本酒を
象徴する銘酒

昭和21年戦後初めて再開されたふたつの全国規模の鑑評会で、いずれも1位から3位までを独占。そのときこの蔵から分離された、きょうかい7号酵母は、以後の日本酒造りのスタンダードをなす酵母としてあまねく普及している。現代酒造史の幕開けとともに語られる、今や信州だけでなく日本を代表する銘酒である。

あくまでも地元長野の嗜好に沿って、ふくよかな甘みを備えたやや濃醇タイプの酒質が基調となっているが、大吟醸から普通酒に至るまで安定した穏やかな風味に、抜群の技術力を感じる。また早くから生酒の製品化にも力を入れ、しぼりたて新酒の「あらばしり」は製法名がそのまま商品名として定着したひとつの好例といえる。日本酒の情報発信は新たなライフスタイルの提案にあるという観点から、スパークリングタイプなど新しいタイプの酒質開発も意欲的に進める。諏訪市内と富士見町内にふたつの酒蔵を保有し、諏訪の本社蔵には酒器や酒肴なども販売するショップ「セラ真澄」を併設。

真澄 純米大吟醸 七號

テイスティングコメント
熟したモモのような香りの後、ひそかにアンズやリンゴのニュアンスが広がる。酸味に縁取られた濃密な味わいが次第にほどけていくように伝わってくる、繊細さと濃醇さの両面を備えている。大吟醸イコール香りの華やかな酒という概念とは一線を画し、酸の存在が食との調和を求めていく酒。

原料米：
長野県産 美山錦
アルコール度数：16度
容量：720ml
希望小売価格：
3,564円 化粧箱入り
日本酒度：－1.0前後
酸度：1.7
精米歩合：45％
使用酵母：7号系
杜氏名：平林和之
その他：山廃造り

真澄 スパークリング

テイスティングコメント
瓶内二次醗酵で、1年半以上の熟成を経て出荷される本格的な発泡清酒。若い果実のような香りが立ち、さわやかな酸味とかすかな苦みを効かせながら、キメ細かいガスが快活に踊る感触はまさにシャンパンを彷彿させる。が、後口には米に由来するふくよかな印象が顔をのぞかせる。

原料米：
長野県産 美山錦
アルコール度数：12度
容量：750ml
希望小売価格：
5,400円 化粧箱入り
日本酒度：－17前後
酸度：6.0前後
精米歩合：68％
使用酵母：7号系
杜氏名：中野淳
その他：瓶内二次発酵

東日本・山梨県

山梨銘醸株式会社

名水が生む なめらかな 飲み口の美酒

旧甲州街道台ヶ原宿に建つ、老舗の商家として荘重なたたずまいを見せる酒蔵。明治天皇が巡幸の折に宿泊された母屋は史蹟にも指定されている。蔵の入り口にはギャラリー風に設えた展示スペースやテイスティングカウンターがあり、隣接して直営のレストランも設けられるなど、敷地内はちょっとした酒のテーマパークといった様相を呈している。

急峻な南アルプス連峰の麓に位置し、付近は名水の産地としてもよく知られている。商品アイテムが幅広く多岐にわたっているものの、甲斐駒ヶ岳の伏流水であるやや軟水の水質を反映して、一貫してすっきりとした透明感のある飲み口がこの蔵の酒の特徴だ。アルコール度数の高い酒や濃醇型の仕込みをした酒であっても、強さや重さを感じさせないすんなりとした感触を備えている。純米酒の普及啓蒙を目指す「純粋日本酒協会」に加盟し純米造りの比率を高めているほか、近年は酒造好適米、夢山水の栽培をはじめ、地元米での酒造りを推進している。

七賢 絹の味 純米大吟醸

＊テイスティングコメント＊

南国の果実を思わせる豊かな香りがエキゾチックな印象を与える。酸味をベースに渋み、苦みも潜ませながら、とろりとしたやわらかな感触が口中に広がっていく。軟水である仕込水の軽快で澄んだ質感に華やかな香気をまとった飲み口は、ワイングラスで飲むとよく映える。

原料米：夢山水
アルコール度数：16度
容量：720ml
希望小売価格：1,620円
日本酒度：＋1
酸度：1.6
精米歩合：47%
使用酵母：
きょうかい901、1801号
杜氏名：
北原亮庫(常務取締役)

七賢 天鵞絨《ビロード》の味 純米吟醸

＊テイスティングコメント＊

イチゴ、メロン、リンゴなど、さまざまな果実を凝縮させた感のある香りがふくらみ、レモンのような溌剌とした酸味が後口を締めくくる。爽やかさとふくよかさという異なるふたつの要素が表裏一体となり、芯に備わる酸の存在に洋風の肴などとの接点の広さを感じさせる。

原料米：夢山水
アルコール度数：15度
容量：720ml
希望小売価格：1,458円
日本酒度：＋1
酸度：1.7
精米歩合：57%
使用酵母：
きょうかい901、1801号
杜氏名：
北原亮庫(常務取締役)

東日本・神奈川県

久保田酒造株式会社

青年蔵元が醸す さわやかで みずみずしい酒

相模灘 純米吟醸 美山錦 無濾過瓶囲い

酒どころというよりは消費地としてのイメージが先行する首都圏。県下に10数蔵があるものの、日本酒の製造数量が東日本でもっとも少ないのが神奈川県の現状である。しかしながら最近は自前で酒米の栽培に努めたり、若い造り手が台頭するなど、新たな動きが出始めてきている。この蔵では親戚の酒蔵を30歳代で継いだ兄弟が、経営と製造をそれぞれ担当する。

青年醸造家が手がけているのを象徴するかのように、酒質も若々しくフレッシュな香味に一貫した特徴が感じられる。さわやかな酸味を効かせたみずみずしい感触は、この蔵が多用する美山錦の米の特徴がよく反映されているといえよう。また酒全体のボディは細めですらりとしているものの、決して派手な香りや濃厚な味わいを追わず清楚な印象を与える。そんなところにも、若い造り手の純朴なイメージが重なり合う。酒蔵は都心から1時間数十分という立地ながら、自然に恵まれた相模原市（旧・津久井町）山間部、せせらぎのほとりに建つ。

＊テイスティングコメント＊

苦み、渋みをちらちらと見せながら、前面に押し出した植物性の酸味に特徴がある。きらきらと輝く水面のような、曇りのない明るい輝きを感じさせる酒で、酸の存在から後口もドライな感触をもって収束する。蔵は山に入ったところにあるが、銘柄どおり相模灘の海の幸に合いそうな酒である。

原料米：美山錦
アルコール度数：16度
容量：720ml
希望小売価格：1,500円
日本酒度：＋2
酸度：1.6
精米歩合：50%
使用酵母：9号系
杜氏名：久保田徹

相模灘 純米吟醸 雄町 無濾過瓶囲い

＊テイスティングコメント＊

酸味を主体に苦み、渋み、甘みといった味わいがときとして一体化し、またあるときはそれぞれの味の要素を主張し合い、全体の味の厚み、複雑味、メリハリを打ち出す。美山錦の純米吟醸に比べると、味の構成は似ているもののより密度感があり重層的で、品種の違いが実感できる。

原料米：雄町
アルコール度数：16度
容量：720ml
希望小売価格：1,750円
日本酒度：＋2
酸度：1.6
精米歩合：50%
使用酵母：9号系
杜氏名：久保田徹

東日本・静岡県

青島酒造株式会社

静岡酵母の
美質を冴える
爽涼とした酒質

喜久酔 特別純米

＊テイスティングコメント＊
メロン、バナナ、ナシなどをミックスしたような香ばしい香り。含むと純米酒特有の密度の高い酸の存在を感じ、一層香りを引き立たせている。香りのきれいな静岡型というだけでなく、幅広く楽しめる食中酒として芯の通った味わいの深さも感じさせる酒である。

原料米：
山田錦 日本晴
アルコール度数：15～16度
容量：720ml
希望小売価格：1,404円
日本酒度：＋6.0
酸度：1.4
精米歩合：60%
使用酵母：静岡酵母
杜氏名：青島傳三郎
その他：志太流にて醸造

喜久酔 純米吟醸

さわやかな果実香と酸の少ないスマートな酒質で、吟醸産地として人気が高い静岡県。静岡酵母と呼ばれる一連の酵母開発に携わり、独自の香味のスタイルを確立した河村傳兵衛氏（元静岡県工業技術センター技監）を師と仰ぎながら、正調静岡吟醸の担い手となっているのがこの蔵である。

製品全体に感じられるこの酵母が生み出す繊細で爽涼とした特徴は、軟水である大井川水系の仕込水や酵母に合わせた麹造りのほか、徹底した冷蔵管理にも起因する。山海の新鮮な味覚に恵まれた静岡を代表する、フレッシュな味わいの食中酒といえるだろう。

青島孝専務（杜氏名・傳三郎）と地元の篤農家松下明弘さんのふたりは、夏は田んぼで山田錦の栽培、冬は酒蔵で酒造りと〝酒造りは米作りから〟の信念を元に、この地でしか造ることのできない本当の地酒造りを進める。このスタイルが結実した「純米大吟醸松下米40」「純米吟醸松下米50」は、今後の地酒蔵の在り方を示す象徴的な製品だ。

＊テイスティングコメント＊
バナナ、リンゴのような清々しい香気が鮮明に立つ。含み香の切れ込みのよさに一瞬引き締まった感触を覚えるが、その後にやわらかな香味の余韻が心地よく広がっていく。清涼とした香りと繊細でなめらかな味のバランスは、静岡吟醸の本流と呼ぶに相応しい精緻な出来栄えを誇る。

原料米：山田錦
アルコール度数：15～16度
容量：720ml
希望小売価格：2,160円
日本酒度：＋6.5
酸度：1.3
精米歩合：50%
使用酵母：静岡酵母
杜氏名：青島傳三郎
その他：傳兵衛流にて醸造

東日本・愛知県

株式会社 萬乗醸造

世界市場を
視野に入れる
新世代のシンボル

醸し人九平次
純米大吟醸 山田錦
EAU DU DÉSIR

他業界で活躍していた息子が、心機一転実家の酒蔵を継ぎまったく新たなスタイルの日本酒造りを志す。ブランドデザインを一から作り直すだけでなく、学生時代の友人を杜氏として迎え入れ若いスタッフで酒造りを行ない、甘みと酸のバランスが取れたみずみずしく斬新な酒質を実現した。そのストーリーは伝統性を重視してきた従来の日本酒とは異なるこれからの酒造業の在り様を呈示し、ユニークな銘柄は新世代の造り手が台頭する、現代の日本酒の象徴として強い存在感を放つ。

蔵元自らがフランスに赴き販路を開拓し、現地の高級レストランでも好評を博しているという。さわやかな酸味に裏付けられたフルーティな感触、ワインの本場にあっても飲む人を魅了できる完成度の高さが感じられる。全般にワイングラスやリキュールグラスで楽しみたい。和食にとどまらず日本酒の限りない食中酒としての可能性をアピールする、最前線にある酒蔵だ。

＊テイスティングコメント＊
ミツを含んだリンゴやモモを思わせる、豊潤でみずみずしい甘美な香味が広がる。張り出した酸味と呼応する甘みの応酬が口中に展開され、縦横にいくつもの味わいを散りばめたような華やかな酒質。肴も洋風のオードブルや白身魚、エビなどを用いた料理などがよく合いそうだ。

原料米：山田錦
アルコール度数：非公開
容量：720ml
希望小売価格：1,764円
日本酒度：非公開
酸度：非公開
精米歩合：50%
使用酵母：非公開
杜氏名：佐藤彰洋

東日本・岐阜県

玉泉堂酒造株式会社

最高の食中酒を目指す、安定感ある美濃の銘酒

製造場数も多く、個性的な酒を醸す蔵が多いことでも特徴がある岐阜県。その中ではゆったりとした香りと味わいの流れに安定感があり、製品全般にレベルの高さを感じさせるのがこの蔵である。やわらかな口あたりを保ちながらも後味にぐんと伸びるような強さも備えた酒質は、熊本酵母（きょうかい9号酵母）を使用した正攻法の酒造りに徹している感がある。大吟醸などの高級品だけでなく、スタンダードな純米酒、本醸造クラスの酒においてもバランスのよさが感じられ、コストパフォーマンスの高さにも注目したい。

　ブランドは、吟醸系を主体に最高の食中酒を目指し小仕込による手造りで臨む「醴泉」と、普及販として比較的に幅広い流通に対応する「美濃菊」の2本立て。昭和61年にかつての銘柄を復活した「醴泉」は、以降毎年のように高品質化に向けて設備投資を行ない、年々酒質の完成度が高まってきている。養老の滝伝説で知られる養老山系の伏流水が軟水であることも、なめらかな酒質を生む要因となっている。

醴泉　純米大吟醸

＊テイスティングコメント＊
豊潤なメロンのような香りを有したたっぷりとした感触の中に、甘みや苦み、渋みなどをバランスよく配し、飲んだ後の充足感にも満たされる貫禄の酒。今や全国的に広く使用されている熊本酵母（9号酵母）であるが、その特性を発揮した王道を行く純米大吟醸である。

原料米：兵庫県東条産
特A地区 山田錦
アルコール度数：16～17度
容量：720ml
希望小売価格：2,625円
日本酒度：＋1
酸度：1.4
精米歩合：43%
使用酵母：9号系
杜氏名：後藤高昭

美濃菊　特別純米酒

＊テイスティングコメント＊
ふわりと浮き立つように感じられる、リンゴやメロンを想起させるさわやかな香り。口に含むとしっかりとした味のベースが面をなし地に足ついた感があり、香りとの一体感を形成する。清々しい香りと伸びやかな味わいが調和し、ゆったりとした飲み心地を誘う均整の取れた佳酒。

原料米：ヒダホマレ
アルコール度数：15～16度
容量：720ml
希望小売価格：1,155円
日本酒度：＋3
酸度：1.5
精米歩合：58%
使用酵母：9号系
杜氏名：後藤高昭

東日本・富山県

有限会社 清都酒造場

新鮮な魚介類に寄り添う、北陸の優美な酒質

香ばしい香りとなめらかな口あたりから、まったく新しい日本酒としての吟醸酒ブームが訪れた昭和の末期。全国新酒鑑評会での優秀な成績で注目を集め、その黎明期に名を揚げたのが北陸地区の酒蔵だ。その原動力となっていたのが金沢酵母と呼ばれる、北陸3県を管轄する金沢国税局鑑定官室が開発した吟醸酵母。ナシやリンゴを思わせる爽涼とした香気を伴った、優美な酒質を生み出すのが特徴といえる。現在はきょうかい14号酵母として全国的にも利用されている。

製造量の小さな酒蔵で製品のアイテムは限られているが、金沢酵母の美質をもっともよく表しているといわれるのがこの蔵の酒だ。前述した香味の特性に加え、透明感があり、身の引き締まったようなスマートな酒質。〝きときと〟という言葉で表現される、新鮮な富山湾の魚介類に合わせるにはこの上なくぴったりとくる酒である。酵母の出自だけでなく郷土の食文化とともに育くまれてきた、北陸の風土を映す美酒といえるだろう。

勝駒 大吟醸

＊テイスティングコメント＊

みずみずしいナシ様の香気をまとい、北国特有の張りつめた空気や澄んだ水の特質を反映させたような、清純な印象を与える酒。落ち着いた上物の絣の生地を思わせる素朴でありながら洗練された感触を合わせもつ。ラベルのロゴは故・池田満寿夫氏によるものである。

原料米：山田錦
アルコール度数：17度
容量：720ml
希望小売価格：3,024円
日本酒度：＋4
酸度：1.4
精米歩合：40%
使用酵母：金沢酵母

勝駒 純米吟醸

＊テイスティングコメント＊

マスカットのようなさわやかな香りが立ち、穏やかな中にも北陸の清澄な気候の中で生まれた、清涼感が伝わってくる酒である。ほどよい苦みが繊細な香気をより引き立たせ、きれいな味わいの輪郭を浮き彫りにさせる。特産の昆布でしめた刺身などの酒肴とともに楽しみたい。

原料米：山田錦
アルコール度数：16度
容量：720ml
希望小売価格：2,268円
日本酒度：＋2
酸度：1.4
精米歩合：50%
使用酵母：金沢酵母

東日本・石川県

宗玄酒造株式会社

能登杜氏の郷で醸す
芳醇で洗練された
旨口の酒

宗玄 純米 山田錦 無濾過生原酒

＊テイスティングコメント＊

クルミやクリを思わせるナッツ様の香りと、甘みをたたえたみずみずしく張りのある味わい。その全体を縁取るように酸味が現われて輪郭をなす。酸度など数値の高さを感じさせない面があり、無濾過の酒イコール濃厚な酒というのではなく、本質的なうま味を備えた調和の取れた酒。

原料米：兵庫県産 山田錦
アルコール度数：17～18度
容量：720ml
希望小売価格：1,890円
日本酒度：＋4
酸度：1.9
精米歩合：55％
使用酵母：金沢酵母
杜氏名：坂口幸夫

宗玄 特別純米酒 純酔無垢

＊テイスティングコメント＊

上立ち香は穏やかだが、口に含むと青いメロンのような清涼感のある香気がみなぎる。その後均等に配せられたように甘み、酸味、苦み、渋みといった味の要素が広がっていく。バランスのよい山田錦の端正な飲み口を、上手に表現した酒である。

原料米：兵庫県産 山田錦
アルコール度数：15～16度
容量：720ml
希望小売価格：1,593円
日本酒度：＋3
酸度：1.7～1.8
精米歩合：55％
使用酵母：金沢酵母
杜氏名：坂口幸夫

能登半島突端部珠洲市に蔵を構える宗玄酒造。銘柄は所在地の地名と同じだが、戦国時代に上杉氏の城攻めに遭い逃れてきた畠山氏が、後に酒造業を興した創業者一族の改姓した苗字とも一緒である。同市はこの地を出自とする能登杜氏の出身地の中心であり、もちろんこの蔵で酒造りを預かってきたのも代々能登杜氏であった。

能登を代表する地酒としてこの地域では絶対的な支持を集めている酒であり、漁業や農業を営む人たちの嗜好に合わせ、どちらかといえば普通酒主体に味の多いがっちりとした酒質が特徴であった。

しかしながら最近は山田錦と金沢酵母を主体に造り上げる吟醸酒や純米酒に、しっかりとした味わいとともに洗練された酒質の出来栄えが加わり、進境著しいところがある。それは濃醇で重厚な味わいになる山廃仕込と、繊細ですっきりした酒を目指す吟醸造りの双方を得意とする、能登杜氏の技術力の高さにも合致する。現在指揮を執り能登流きっての名人と謳われる、坂口幸夫杜氏の技量によるところも大きい。

東日本・三重県

木屋正酒造合資会社

華やかな香味で一躍人気を博すスター銘柄

たわわに実った果実を思わせる甘美な香り、鮮明に広がるみずみずしくも軽妙な飲み口。香味に強いインパクトを与える新時代日本酒の旗手として彗星のごとく登場し、一気にスターダムに昇りつめた。蔵元で杜氏を兼務する大西唯克さんは大学卒業後、食品会社勤務を経て蔵に戻ってきた。酒造りの経験は10年余りと長くはないが、〝過去にも未来にもとらわれず、今を精一杯生きる〟という決意表明を込め、新規に立ち上げたこの銘柄がブレイクし、高い人気を維持しながらも入手困難な銘柄のひとつになっている。

蔵のある伊賀地方は三重県内でも酒蔵が多く、また酒米の産地でもある。山田錦を筆頭とする県産米を使うかたわら、県外の米では広島産の酒造好適米、千本錦、八反錦を多用するところもこの蔵の特色である。全般に生酒以外の製品もフレッシュな感触があり、三重県産酒に共通する甘みを帯びたやわらかな酒質の特徴も兼ね備えている。

純米吟醸 而今 千本錦

＊テイスティングコメント＊
鼻先にふわりと立つ甘い香気と、かすかに踊る炭酸ガスをはらんだみずみずしい感触。その後はふくぶくと広がっていく、華やかな香りに引き込まれる。純米吟醸「山田錦」に比べ植物性の酸味を帯びた青い印象があり、若干細く硬い仕上がりになるが、若いなりの爽やかさがよく現れている。

原料米：
広島県産 千本錦
アルコール度数：16度
容量：720ml
希望小売価格：1,620円
日本酒度：＋1
酸度：1.7
精米歩合：50%
使用酵母：自社保存酵母
杜氏名：大西唯克

純米吟醸 而今 山田錦

＊テイスティングコメント＊
“甘辛酸苦渋”という5種の味の要素を伴った五角形から、それぞれカドを取って球形に限りなく近づけていったような丸みがあり密度の高い味わい。後に抜けていくメロンのような香気が、心地よい余韻と充足感を引き立たせる。若き杜氏の感性のよさが発揮された完成度の高い酒。

原料米：
三重県産 山田錦
アルコール度数：16度
容量：720ml
希望小売価格：1,620円
日本酒度：±0
酸度：1.6
精米歩合：50%
使用酵母：自社保存酵母
杜氏名：大西唯克

酒の消費量が多い県民のアテって？

酒の肴はいろいろあるが、全国津々浦々、
いったいどんなアテで酒を酌み交わすのだろう？
日本酒消費量トップ10の県が東京に出店する
アンテナショップで聞き込みながら、
その土地土地のアテを集めてみた。

新潟県

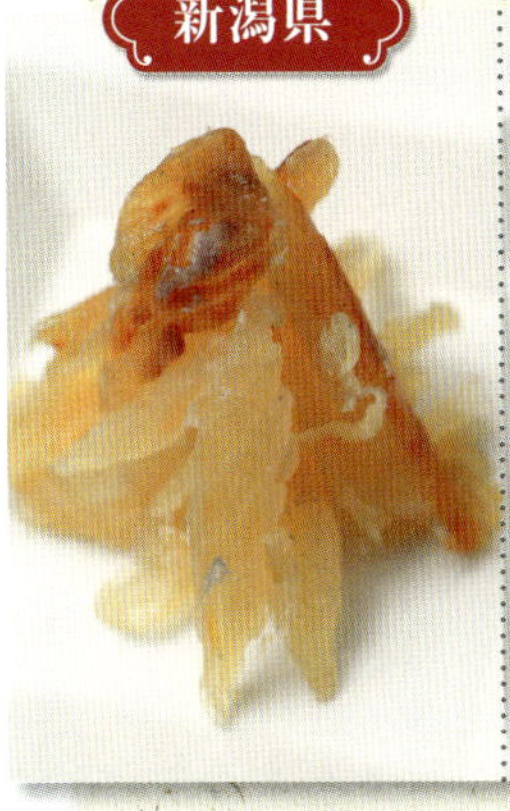

つまみ鱈

乾燥した鱈を、日本酒に漬け込んだつまみだけに、日本酒との相性はばっちり。やわらかくて、ほどよい塩気、そして日本酒が浸み込んでほんのりした甘さで、やめられないおいしさ。

秋田県

いぶりがっこ

そもそもは囲炉裏の上に吊るした大根を米糠と塩で漬けたもの。発酵食品として日本酒との相性はいいし、ほどほどの塩気に、クセの強いスモーキーな風味で、酒を進ませるアテだ。

山形県

だだちゃまめ

近年首都圏でも人気のだだちゃまめ。山形県庄内地方、鶴岡市あたりの夏の特産品だ。さやの外からもわかる豆のぷりぷり感。口に入れるとさわやかな甘みと奥深いうま味が口に広がる。

福島県

鰊の山椒漬け

海から遠い会津地方を中心にした福島の郷土料理のひとつ。やわらかく戻した身欠き鰊を山椒の葉とともに醤油と地酒に漬けたものだが、噛み応えがあり、山椒の風味が酒を進ませる。

石川県

干し甘エビ

甘エビをまるまる乾燥させたもの。尻尾から食べれば海の幸特有のうま味のある塩気とエビの甘み、頭から食べればちょっとした苦み。どんな酒にも臨機応変に合いそうだ。

富山県

ホタルイカの沖漬け

北陸三県にまたがっての海の幸だが、富山県のホタルイカはとくに有名。醤油、日本酒、みりんのタレに漬け込み、塩気と甘みとうま味の複雑な味わいで、何とも日本酒がほしくなる。

鳥取県

板わかめ

読んで字のごとく、わかめを乾燥させて、板状にしたもの。アミノ酸たっぷりの昆布のうま味、ほんのり潮の香り。きわめてシンプルなアテではあるが、これだけで充分酒を楽しめる。

長野県

野沢菜漬け

長野名産品の上位にランキングされる野沢菜。酒の肴だけでなく、ご飯のおともやお茶受けと、長野ではなくてはならない存在。発酵させすぎないさわやかな青臭さとあっさりした塩加減。

島根県

あご野焼

県の魚あご（とびうお）のすり身を焼き上げたもの。鳥取の人たちはこの太いちくわにかぶりつくのだとか。あごのうま味と焼きの香ばしさが絶妙。地酒で風味付けするものもあるそう。

福井県

鯖のへしこ

鯖を米糠に漬けた、いわゆる魚の漬物。青魚特有の生臭いうま味に、漬け込んだだけの塩気と味わいの深みが加わり、ひと口ごとに酒がほしくなる。焙ると香ばしさも加わりさらによし。

西日本の酒

Sake from Western Japan

近年では焼酎イメージが強い西日本であるが、兵庫県灘、京都府伏見、広島県西条など一大生産地を擁する西日本にも、個性豊かな日本酒が数多く存在する。日本海側の鳥取、島根県では濃醇な地酒が多く、瀬戸内エリアはソフトな口当たりの甘口タイプが多い。また、高知県などの太平洋側ではスッキリした辛口タイプが多いなど、地域特性が比較的明確なのも西日本の特徴といえる。

京都府

50近い蔵のうち約半数が伏見、残りはほぼ丹後地方に集中。伏見はキメの細やかなやわらかい味わいだが、丹後は濃醇で存在感がある。県産酒米、祝が注目。

滋賀県

各地で40以上の蔵。ソフトで、甘辛中庸。酒造好適米の玉栄のほか、日本晴の生産量もトップクラス。好適米にかかわらず、地元産米による酒造りも盛ん。

兵庫県

最大の日本酒生産地、灘を中心に各地に約80蔵。硬水「灘の宮水」を使用した「灘の男酒」のほか、山田錦を使用した芳醇な酒が醸される。出身杜氏も多い。

大阪府

淀川流域、和泉地区を中心に約15蔵。江戸中期以前は池田、堺において盛んに日本酒造りが行なわれてきた一大酒造地であった。やや軽快なテイストが多い。

和歌山県

和歌山、海南周辺および紀ノ川流域に約20蔵。温暖な気候から造られる日本酒は、うま味とコクの多い濃醇タイプが多い。ブランド銘柄もいくつか存在。

奈良県

奈良、桜井、吉野を中心に約40蔵。ふくらみのある豊かなコクをもつ酒が多い。大神神社、最古の酒殿がある春日大社など、古来より酒に縁の深い銘醸地。

愛媛県

各地に40以上の蔵元。県産酒米として松山三井、しずく媛。古来より「伊予の女酒」と言われるように、やわらかで優しい甘みをもつタイプが特徴とされる。

香川県

平野部を中心に、各地に7蔵。県内酒米としてオオセト、さぬきよいまいがある。やわらかな飲み口とやや甘口テイストが特徴とされている。

高知県

各地に約18蔵。日本酒消費量が多く、スッキリしたうま味の辛口タイプ。県産酒米の土佐錦、風鳴子、吟の夢のほか、CEL-19、CEL-24などの酵母も開発。

徳島県

吉野川、那賀川流域に約25蔵。県産酒米に日本晴、オオセト、コガネマサリ。近年徳島産の山田錦は「阿波山田錦」と呼ばれ高評価。甘辛中庸のマイルドな酒質。

山口県
徳山、萩を中心に40近い蔵。県産酒米の穀良都、西都の雫を始め、やまぐち桜酵母なども開発。伝統的には濃醇旨口タイプだが、近年軽快で繊細な味わいも。

島根県
日本酒発祥の地とされる同県では、松江、出雲、益田を中心に35蔵。典型的な濃醇旨口テイストを醸し出す。県内酒米に改良雄町、神の舞、佐香錦など。

鳥取県
米子、倉吉、鳥取のほか各地で約30蔵。県産酒米、玉栄のほか、復活させた強力が有名。出雲杜氏に次ぎ但馬杜氏が多い。やや濃醇で辛口タイプが多い。

福岡県
約60蔵を擁する日本酒大国。山田錦の生産量は兵庫県に次ぐ2位。柳川杜氏、三猪杜氏、久留米杜氏など杜氏集団が存在。スッキリとした飲みやすいタイプ。

広島県
全国屈指の酒処である西条ほか各地に60近い蔵。県産酒米の八反、八反錦のほか、広島21号などの酵母も多数開発。甘みが明確でなめらかな味わい。

岡山県
吉井川、旭川、高梁川流域を中心に50以上の蔵。県産酒米、雄町が有名。うま味のしっかりした濃醇タイプから、やわらかな飲み口の淡麗タイプまでさまざま。

佐賀県
各地に約30蔵。焼酎より日本酒の飲用比率が高い。県産酒米に西海134号、レイホウ、さがの華など。濃醇で甘口タイプ。近年、日本酒を目当ての観光客も多い。

長崎県
北松浦半島と島原半島を中心に約15の日本酒蔵元が存在。軽やかな酒質の日本酒が多く、砂糖の使用量が多い同県らしく、甘口テイストの仕上がり。

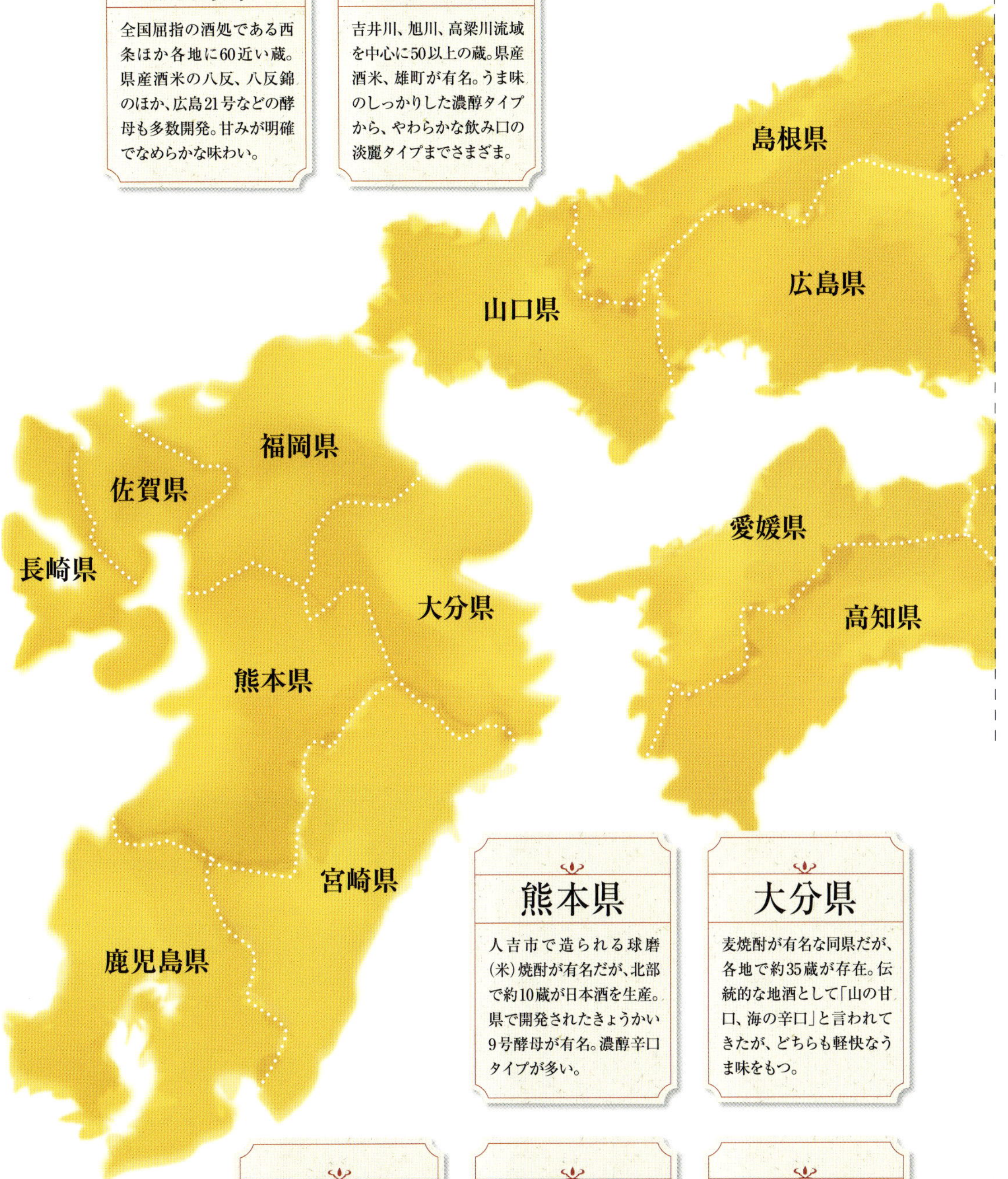

熊本県
人吉市で造られる球磨(米)焼酎が有名だが、北部で約10蔵が日本酒を生産。県で開発されたきょうかい9号酵母が有名。濃醇辛口タイプが多い。

大分県
麦焼酎が有名な同県だが、各地で約35蔵が存在。伝統的な地酒として「山の甘口、海の辛口」と言われてきたが、どちらも軽快なうま味をもつ。

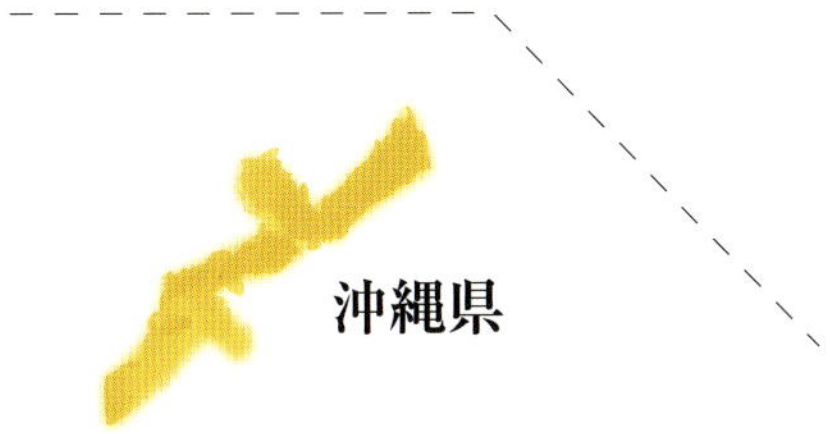

沖縄県
おもにタイ米を原料とし、すべてを麹にして仕込む泡盛が主流の沖縄県では、1社のみが日本酒の製造を行なっている。

鹿児島県
芋焼酎、黒糖焼酎の生産地である同県では、これまで日本酒蔵元は存在しなかったが、平成24年より1社が日本酒造りを始め、話題となっている。

宮崎県
36社ある焼酎蔵に対し、日本酒蔵は2件のみ。両蔵ともにスッキリとした辛口タイプを醸す。県産酒米として、はなかぐら、酵母は宮崎酵母が存在する。

西日本・京都府 ― 歴史深い蔵で時を刻む古酒
株式会社 増田徳兵衛商店

Kyoto, West Japan

1675年創業。写真は現社長の14代目増田徳兵衛さん。蔵は桂川と鴨川の合流点の近く、川の堤沿いに蛇行する鳥羽街道に面する。裏手に回ると、かつてここから酒樽を出荷していたことがしのばれる。

銘醸地・京都伏見を代表する老舗蔵元。
「世界中から食やワインの仕事に携わる人たちが、よく蔵を訪ねてきますよ」。

元来「伏水」と表記されていたように、京都市南部に位置する伏見は伏流水が豊富なところ。豊かな水を得て酒造業が興り、さらに河川による水運に恵まれたことから、昔から兵庫の灘と並び称される日本酒の大産地として発展してきた。

硬水で仕込まれる灘酒のがっちりとした太い味わいに対し、伏見酒は中硬水の水質を映し、京都らしくはんなりとしたやわらかな飲み口に仕上がる傾向がある。その特徴に加えてバランスよく豊醇なうま味を感じさせるところが、「月の桂」の持ち味である。原料米でいちばん多く用いられているのは、祝という京都独自の酒造好適米。昭和40年代まで伏見の蔵では盛んに使用されていたが、以後姿を消し平成年代に入って復活した品種だ。米の味をどっと前面に押し出すような米ではないが、控えめで落ち着いた風味を醸し出すところに、京の酒の本質を見るような思いがする。

「月の桂」というと、発酵中のもろみに近いフレッシュな風味のにごり酒を思い出す人も多いことだろう。昭和41

月の桂
純米大吟醸
平安京

＊テイスティングコメント＊

バナナやナシ、イチゴのようなやわらかい香気が立つ。米に由来するふくよかな甘みがベースにあり、苦み、渋みなど複雑に味の要素が交差する、緻密な味の構成を感じさせる酒。一方で繊細な感触ももち合わせ、可憐な印象も残る。銘柄どおり京の都の雅を映す気品ある純米大吟醸酒。

原料米：祝
アルコール度数：16.5度
容量：720ml
希望小売価格：2,916円
日本酒度：＋1
酸度：1.6
精米歩合：50%
使用酵母：自家酵母
杜氏名：渡部智

屋号を見立てデザインしたマークが印象的。自家田を含めすべて有機無農薬栽培による純米酒「祝八〇%」(左)、発酵時の炭酸ガスが残る発泡タイプのにごり酒「祝米・純米大吟醸にごり酒」(右)。

緻密さと可憐さを兼備した、古都の雅を感じさせる美酒

味の立体感、余韻の長さに魅せられる純米大吟醸古酒

磁器の甕には茶色、白、灰色と色に違いがある。白い甕で囲ったものの は素材の違いによって熟成が遅いのだそうだ。製品は10年経った同年代のもの同士を、ブレンドしてから瓶詰めされている。

月の桂
琥珀光
十年秘蔵古酒

＊テイスティングコメント＊

カラメル様の甘く香ばしい香りに中に、松の実などのナッツを思わせるニュアンスがある。口に含むととろっとした口あたりの後で、ほろりと溶け出してくるような濃密なうま味が感じられる。凝縮された味わいの要素がもたらす立体感、後を引く余韻の長さに引き込まれていく。

原料米：山田錦
アルコール度数：16.8度
容量：720ml
希望小売価格：10,800円
日本酒度：＋5
酸度：1.5
精米歩合：35%
使用酵母：自家酵母
杜氏名：渡部智

年（１９６６年）にいち早く発売を開始したパイオニア。現在市販されているにごり酒は本醸造、純米酒、純米大吟醸の３種類、これだけで全出荷量のほぼ半分を占めている。またこの蔵にはもうひとつ、同年より取り組んでいるユニークな酒がある。「琥珀光」という酒銘で知られる大吟醸古酒だ。毎年純米大吟醸を１００本近く磁器の甕に入れ貯蔵に回しているということで、その本数はおよそ１２００本にも及ぶ。元禄時代に発刊された食に関する書『本朝食鑑』にも、酒は必ず磁器の甕で囲うようにという記載があり、醸造学の権威として知られる故・坂口謹一郎博士より、古酒は甕の容器で囲うように言われたという。

酒造蔵の２階では、びっしりと積まれた甕に圧倒される。創業以来３４０年という長い歴史を誇る蔵の中、芳醇な熟成酒もひっそりと時を刻んでいる。

冷房を入れると蔵が傷むため、仕込タンクはそれぞれ外側に温度管理できるジャケットを巻いている。

酒蔵を訪ねる ⑥

西日本・山口県
旭酒造株式会社

Yamaguchi, West Japan

〝磨き〟により光る個性

最高の原料と米を磨く技術、そこには蔵の見識が裏打ちされている。すべては、「安定していい酒を造る」という目的のため。

桜井博志蔵元。造り手の平均年齢は30歳代前半。近代的な環境の酒蔵であるが、あくまでも手造りによる酒造りが営まれている。蒸した米に麹菌を散布する種切りの作業は4人1列になり、歩調を合わせながら行なわれる。

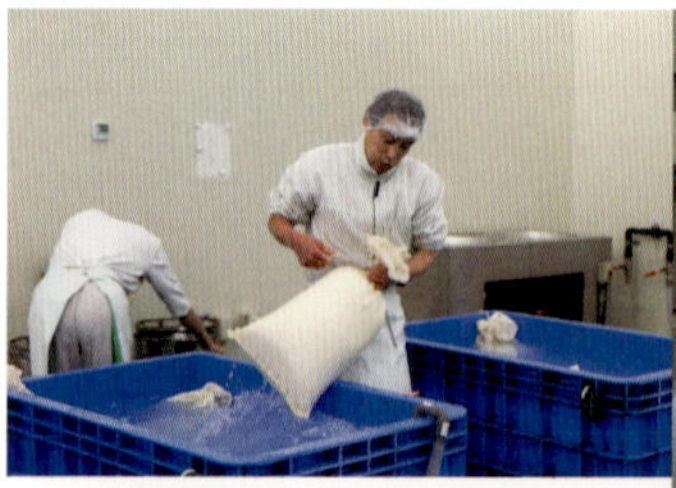

点在する集落の合間を縫いながら新緑に覆われた山伝いの道を行くと、忽然と近代的な建造物が姿を現した。隣にたたずむ瓦屋根が伝統的な和風の家屋とのコントラストに意表を突かれる。ここが国の内外で絶大な支持を得ている「獺祭」の酒蔵だ。昨今の人気が拍車をかけ、設備を増設するも間に合わなくなってきているということで、この山間部の狭隘な場所に、2015年には12階建ての新蔵が竣工するという。

この新ブランドを立ち上げたのは1990年。折りしも吟醸酒ブームに沸いた時期で、当初から純米吟醸酒のみでスタート。今ではすべてが純米大吟醸酒としての造りで、最高の原料と高度な精米が、高品質を志向するこの蔵を支えているといっていいだろう。

まずそのひとつである原料米だが、酒米の最高峰と謳われる山田錦のみを使っているのが特徴。それは杜氏個人の力に依存するのではなく、

獺祭
純米大吟醸
磨き二割三分

＊テイスティングコメント＊
熟した洋梨を思わせる甘美な香り。それに続くとろりとしたミツのような甘い感触。口に含むと一気に開花するようなあでやかなインパクトがあり、後口はやわらかくすんなりと引いていく丸みがある。繊細な中にも香味の特徴がはっきりと伝わってくるのも、豊潤な山田錦の特性によるものだろうか。

原料米：山田錦
アルコール度数：16度
容量：720ml
希望小売価格：5,142円
日本酒度：非公開
酸度：非公開
精米歩合：23%
使用酵母：非公開
杜氏名：西田英隆

果実や花を思わせる華やいだ香りと、口中にはじけるようなみずみずしい感触は、ワイングラスで飲むことによってよく映える。ひと口含んだだけで通常の日本酒とは異なる高雅な印象を与える、はっきりとした特徴のある点が、アメリカ、台湾、香港、フランスなど、海外でも高い人気を誇る理由である。

かつては地元中心に「旭富士」という銘柄を販売していた。銘柄だけでなく酒質も今では大きく変わった。

獺祭
磨き その先へ

＊テイスティングコメント＊
張り詰めたような感触の中に、かすかに伝わってくるナシのような香気。デリケートな印象があるが、キリっと切れ込んでくるような香りに思わずはっとさせられる。静謐な湖の澄んだ水面に映し出された、あざやかな色彩の紅葉のような幽玄的で透明感と色彩の調和を感じさせる酒に仕上がっている。

原料米：山田錦
アルコール度数：16度
容量：720ml
希望小売価格：32,400円
日本酒度：非公開
酸度：非公開
精米歩合：非公開
使用酵母：非公開
杜氏名：西田英隆

どうしたらよい酒ができるかというシステムを構築する上での出発点でもあった。若い社員のみで酒造りにあたる中で、誰もが同じようによい酒を造るという標準化を目指した結果、まず最良の原料を用いることが大事であるという結論に至ったわけである。また品質面だけでなく酒造好適米の中では作付面積がナンバーワンであり、圧倒的な供給力をもっているのも、この米にこだわる有力なポイントだ。特有の華やかな香りとみずみずしい飲み口に共通する安定した品質も、山田錦なくしては語れないといえるだろう。

そしてもうひとつ「ワインとは違う、新しい価値を創らなければいけない」と桜井博志蔵元自らが語るように、「米を磨くことは、日本酒のひとつの個性」という考えのもと、「二割三分」、「三割九分」という高度に精米した製品を世に送り出してきた。

　米を磨くことが蔵の見識でもあり、またそこに価値を生み出すことにもなる。新たに発売された「磨き その先へ」は、まさにその考え方を表した製品であるといえよう。

酒蔵を訪ねる ⑦

西日本・高知県 ― 清流が支える淡麗辛口

司牡丹酒造 株式会社

Kouchi, West Japan

戦前や大正のよき時代を思わせるレトロな本社の内部(上)、応接室には地元が誇る名士、吉田茂首相と並んで写る先々代の写真も(下)。

「品質を上げていかなければ、今の時代生き残っていけません」。新酒造蔵での設備を活かし進化を続ける土佐酒の雄

〝酒國土佐〟の異名をとる高知県。男女を問わず酒豪が多く、日本酒を大量に飲むイメージが定着しているが、それは一体いつ頃からなのだろうか。

「平安時代から酒飲みが多かったのは確かなようです。紀貫之の『土佐日記』にもそのような記述がありますよ」と答えてくれたのは、高知を代表する銘酒「司牡丹」蔵元の竹村昭彦さん。

四国では瀬戸内海に面するほかの3県で甘口の酒が主流であるのに対し、西日本でも珍しい淡麗な辛口タイプが土佐酒のアイデンティティ。これも酒好きにとって飲み飽きしない酒質が好まれたからだといわれる。また太平洋に面して新鮮な魚介類に恵まれ、カツオやマグロに代表される赤身の魚の脂をさらりと流してくれるという、食文化との兼ね合いもあるようだ。

「司牡丹」の酒蔵は高知市から西へ、30キロほど離れた佐川という町にある。町内の通りに沿って複数の酒蔵が連なるように並んでおり、荘重な白壁の蔵が続く光景はあたかも商家が並ぶいにしえの時代に、タイムスリップしたような錯覚を覚える。町も酒蔵や史跡が集中するこの

司牡丹
純米酒
仁淀ブルー

＊テイスティングコメント＊

酸を含んでみずみずしいグレープフルーツやレモンなど、柑橘類を想起させる香りがある。溌剌とした酸味が効いて、さわやかで清々しいタッチの純米酒。アルコール度数が16度台というのが意外に思える軽妙ですんなりとした飲み口は、天下の清流・仁淀川の水質に由来するものだろうか。

原料米：山田錦、五百万石、吟の夢、アケボノ
アルコール度数：16度以上17度未満
容量：720ml
希望小売価格：1,404円
日本酒度：+5前後
酸度：1.6前後
精米歩合：65%
使用酵母：きょうかい7号
杜氏名：浅野徹

全国一の清流を映したような清涼とした味わい

辛口で鳴らす土佐酒の真骨頂

青空に白亜の壁が映える酒蔵。時代劇や観光ポスターの撮影などにも使えそう（上）。蔵に隣接するギャラリー「ほてい」では酒にまつわるさまざまなグッズなども展示。下に置くことができず注がれたら飲むしかない「可杯《べくはい》」は、宴会の場を盛り上げる遊びの杯だ（下）。

司牡丹
純米超辛口
船中八策

＊テイスティングコメント＊

土佐酒の本流、辛口を掲げるこの蔵のベストセラー。ふくよかな米の香りのはざ間に、果実様の華やいだ香りを感じる。超辛口という言葉のイメージから受ける印象よりは、味わいの幅とふくらみを備えており、一方後口にはがっちりとした力強いキレを発揮している。

原料米：山田錦、松山三井ほか
アルコール度数：15度以上16度未満
容量：720ml
希望小売価格：1,501円
日本酒度：+8前後
酸度：1.4前後
精米歩合：60%
使用酵母：熊本酵母
杜氏名：浅野徹

酒蔵は醸造、貯蔵、瓶詰など、工程の違いによって、敷地の中にある複数の棟に分かれている。精米後浸漬から酒母の工程までは、平成17年の造りから稼動した「平成蔵」で行なわれる。最新鋭の設備を施すことで、酒質は一段とレベルアップした。

周辺を、観光の目玉として整備していくそうである。一角には同蔵が直営する「ほてい」という店舗もあり、内部では酒の販売のほか酒にまつわる道具類などが陳列されている。

その中では近代的な外観を誇る建物があった。「平成蔵」と称する製造蔵で、平成17酒造年度より操業している。蔵の中には従来の手造りの技法と同じ原理を導入した、最新鋭の機械類が並ぶ。「見学に来る方の中には酒蔵らしくないと言う人もいますが、この蔵ができて一回の仕込みの量は、前よりもむしろ小さくなっています。その分きめ細かい管理ができるので、品質を上げることで対抗しているのです」と竹村さんは満足そうに語ってくれた。

すっきりとした辛口の酒質を生む要因は、軟水の仕込水によるところも大きい。「司牡丹」は仁淀川水系の水を使用するが、この川が四万十川を上回り「日本一の清流」として認められた。原料米には独自の自然栽培として知られる永田農法の米を使用するなど、設備と原料に一段のこだわりをアピールしながら、土佐の銘酒は進化を続けている。

酒蔵を訪ねる ⑧

西日本・大分県――吟醸造りの名門としての風格

萱《かや》島《しま》酒造 有限会社

Oita, West Japan

円を描くように瀬戸内海に突き出た形の国東半島は北に周防灘、東に伊予灘、南は豊後水道と三方を異なる海域に囲まれている。そこから揚がる「淡白な白身の魚に合う酒です」と語る萱島進社長。

確かな技術で吟醸造りをリードしてきた名門蔵元。「大吟醸は熟成させなければもったいない」とは、よく先代が口にしていた言葉

九州の酒というと焼酎を思い出す人が多いことだろう。しかし大分、宮崎の県境と熊本県の中央を南北に分割すると、その以北の地域は元来清酒の文化圏である。今や麦焼酎の産地として有名になった大分県でも、30社あまりの日本酒メーカーが存在している。

「うちの酒は比較的淡白な白身の魚に合わせて飲む、甘くて味のある酒なんですよ」と蔵元の萱島進社長が語るように、さまざまな魚が揚がる国東半島で、新鮮な魚料理と飲むにはやはり日本酒となるのだろう。またそれは甘くて濃い味わいが特徴の、九州特有の醤油に合わせた味わいでもある。すっきりした味わいで「淡麗」と呼ばれる東日本の酒に対して、九州の酒は甘みやうま味を重視した酒質が多いといわれる。地元の醤油を用いた味付けに合うということに加え、つねに焼酎と対峙する環境の中で清酒のアイデンティティを保ち続けていく、といった事情もあるのである。

この蔵には、もうひとつ自慢の酒がある。1963年（昭和38年）に発売を開始し、今年で50周年を迎える「秘

西の関
大吟醸
秘蔵酒

＊テイスティングコメント＊

2、3年の貯蔵期間を経て出荷される大吟醸酒で、やんわりと熟したリンゴのような香りがある。スムーズな口あたりの中で、含みに感じる苦みが陰影をつける。あまり冷やしすぎず、常温やぬる燗にしても映える複雑味がある。酒だけで飲むよりも、高価な珍味などと楽しみたい酒だ。

原料米：山田錦
アルコール度数：17度
容量：720ml
希望小売価格：4,320円
日本酒度：+5
酸度：1.2
精米歩合：35%
使用酵母：熊本酵母
杜氏名：平野繁昭

「西の関」は各種鑑評会での受賞歴を誇る、吟醸造りの名門。蔵の入り口にそれを示す数々の賞状が掲げられている。かつての麹室である専用の貯蔵庫に保管された大吟醸古酒とともに、蔵の歴史を語る貴重な生き証人となっている。

伸びやかな醇味が特徴の九州の代表的銘酒

発売以来、半世紀吟醸古酒のパイオニア

暦年の大吟醸酒は、醸造年度を書いた紙が貼付されたケースに収められている。ラベルのない瓶にチョークで年度が記されており、一升瓶のほか「斗瓶」に詰められた鑑評会出品用のものも。50年の蔵の歴史そのものという、壮観な光景に圧倒された。

西の関
純米吟醸酒
美吟

＊テイスティングコメント＊

メロンやモモのような香りが行き交い、ふくよかなタッチの中で渋みと苦みが交錯する。後口には酸味と甘みも顔を出し、味わいの多さがあるものの雑にならず、おおらかな飲み口によってまとめ上げられている。鷹揚とした九州らしい人物像がイメージされる酒である。

原料米：八反錦
アルコール度数：16度
容量：720ml
希望小売価格：3,055円
日本酒度：－0.5
酸度：1.3
精米歩合：50%
使用酵母：きょうかい9号
杜氏名：平野繁昭

蔵酒」と銘打った大吟醸古酒だ。発売当初はまだ吟醸酒自体も知られていない時代、しかも日本酒は熟成には向かず早く飲むものだという概念が定着していた頃で、初年度は50本程度しか売れなかったという。それでも大吟醸酒は熟成させることによっておいしくなるという、先代社長の信念のもとに次第に認知されるようになっていった。今では日本酒の熟成酒もひとつのジャンルとして確立した感があるが、まさにその先駆者といえる酒蔵である。

専用の貯蔵庫で「秘蔵酒」デビューの年、貴重な昭和38年産の古酒をテイスティングさせていただいた。カラメルのような香ばしい香りが立ち、甘みもあり酒のやわらかさも感じられる、上質な余韻と洗練された感のある酒である。半世紀にわたる蔵の歴史を受け止めながら、ぐっとくるアルコールの感触やとろりとした密度の濃い口あたりには、50年という長さを感じさせない力強さと懐の深さが感じられた。

萱島進社長とともに蔵の経営を取り仕切る、萱島徳常務。

西日本・奈良県

油長酒造株式会社

そのフレッシュな香味が牽引する無濾過酒ブーム

三輪山をご神体とする大神（おおみわ）神社には最古の酒の神様が祀られ、寺院での酒造りが盛んになった中世には、三段仕込みの原型が完成し、「日本酒のふるさと」と呼ばれる奈良県。その古い歴史を誇る酒どころで、独特の酒質をもって現れた期待の新星である。

その特徴はまず年間を通して生酒で出荷しているところにある。酒質の変化や劣化を引き起こすリスクを抑えるため、酒の中に残る酸素の濃度を極力少なくしながら、発酵から上槽、貯蔵に至る各工程で独自の工夫を重ねている。また「風の森」製品は全量が無濾過無加水で、この新ブランドがデビューした当初は無濾過特有の濃密な風味が強く感じられたが、最近は発酵時の炭酸ガスの感触を残したフレッシュな香味を前面に押し出し、フランスなどにも輸出され好評を博す。露葉風、アキツホといった県産米を多用しながら、コストパフォーマンスに優れた酒を造っている点も好ましい。

風の森 秋津穂 純米大吟醸 しぼり華

風の森 露葉風 純米 しぼり華

＊テイスティングコメント＊
しぼり華シリーズは通年販売する「風の森」のスタンダード。こんもりと盛り上がってくる、たっぷりとした麹の甘い香り。口中には細かい泡の粒子がリズミカルに踊る、ピチピチとしたガスの感触がある。後口の引き方はドライで、それぞれ場面が転換していくように香味のコントラストがはっきりした酒だ。

原料米：
奈良県産 アキツホ
アルコール度数：17度
容量：720ml
希望小売価格：1,620円
日本酒度：＋2
酸度：1.9
精米歩合：50%
使用酵母：7号系
杜氏名：松澤一馬

＊テイスティングコメント＊
米と木の実が混ざったようなふくよかで香ばしい香り。甘みを中心にさまざまな香りや味がちらちらと現れるみずみずしい感触は、多彩な香味を散りばめカラフルな万華鏡をのぞいているようだ。ひとつの液体の中に千変万化の妙味があり、"五感で愉しむ酒を目指す"「風の森」の真意を感じる酒である。

原料米：
奈良県産 露葉風
アルコール度数：17度
容量：720ml
希望小売価格：1,296円
日本酒度：－2
酸度：2.2
精米歩合：70%
使用酵母：7号系
杜氏名：松澤一馬

西日本・滋賀県

喜多酒造株式会社

能登名人杜氏の
流れを汲む
均整の取れた酒

琵琶湖を取り囲むように広がる穀倉地帯。豊かな米と水に恵まれふくよかなうま味をたたえているのが、滋賀県産酒の特徴である。県土のほぼ中央にあり近江商人の中心的な出身地として知られる、東近江市八日市に酒蔵を構えている。

酒質はその特徴を踏まえながら、香味に切れ込みのよさを感じさせるところが持ち味である。親子2代で杜氏を務めた天保正一氏の後を受け、現在の家修杜氏へと至る能登杜氏の系譜が、高度な吟醸造りを支えてきた。２０１３年現在、全国新酒鑑評会では10年連続で金賞を受賞するなど、優秀な成績は全国的に見てもトップクラスにある。

その技術力は単にコンテストに向けて発揮されるだけでなく、習作として市販される製品全般にもフィードバックされている。さらにコストパフォーマンスに優れている点も、この蔵の評価を高めてきた。関西地区には数少ない超辛口の純米吟醸など、新しい領域にも取り組みながら、確固たる地位を築いている実力派である。

喜楽長 純米大吟醸 能登杜氏芸

＊テイスティングコメント＊

メロンのような香りの後に横たわる米のうま味。香ばしい上立ち香と含んだときの濃密な香味の層が隣り合わせになっている。酸のもつサクサクとした歯切れのよさが感じられ、酒に張りをもたせると同時に、凛とした辛さを引き出している。アルコールの高さもあり、芯の強さを感じる純米大吟醸酒。

原料米：山田錦
アルコール度数：17.2度
容量：720ml
希望小売価格：3,546円
日本酒度：+3
酸度：1.5
精米歩合：40%
使用酵母：14号酵母
杜氏名：家修（能登杜氏）

喜楽長 辛口純米吟醸

＊テイスティングコメント＊

口中に引き込んだときのゆるやかな印象とは裏腹に、後口にはキリっと引き立つ辛さがある。全体に感じる控えめな酸味が全体を上手にまとめ上げ、いたずらに辛さだけを追い求めることなく、米の味わいを残すことで味の幅をもたせながらバランスのよさを保っている。

原料米：山田錦
アルコール度数：17.5度
容量：720ml
希望小売価格：1,566円
日本酒度：+14
酸度：1.6
精米歩合：55%
使用酵母：14号酵母
杜氏名：家修（能登杜氏）

秋鹿酒造有限会社

濃厚な風味が人気。自社田栽培の先駆者たる風格

秋鹿 純米吟醸 無濾過生原酒

大阪府北西部に位置し、小さな谷や緩やかな丘陵により起伏に富んだ地形をなす能勢町は、古くから酒米の産地として知られてきた。明治19年（1886年）に創業し昭和60年（1985年）より、山田錦の栽培に取り組んできた。当時まだ酒蔵自らが米作りを行なう例は珍しく、原料米から酒造りに至る「一貫造り」を行なうパイオニアとして名を馳せてきた。現在自営田の面積は11町歩（約11万平方メートル）以上に及び、地元の契約農家から産出される分を合わせると、使用する原料米の3割以上を占める。

関西地区の酒の特徴ともいえる醇味の効いた風味に加え、酸味や苦みを忍ばせた複雑味がこの蔵の酒の特徴で、生酛や山廃造りを用いたものや長期熟成をさせた酒などに、より顕著にその個性が発揮されている。米糠を中心とした発酵堆肥だけで無農薬無肥料栽培を手がけた田んぼの名称を冠した純米大吟醸「嘉村壱号田」など、製品による米の違いをじっくりと飲み比べることができるところも楽しい。

＊テイスティングコメント＊
中心にはこってりとした凝縮感があり、外縁部では甘み、酸味、渋みなどの味の要素が消長する。ぐっとくる押しを効かせながら多様な味わいを口中に展開させる生命感のある酒だ。まだ若い感じの出来であるが、未完の状態をあえて呈示することで熟成後を飲み手に想像させる心憎さをもっている。

原料米：山田錦
アルコール度数：18度
容量：720ml
希望小売価格：1,782円
日本酒度：+8
酸度：2.9
精米歩合：60%
使用酵母：きょうかい901号
製造責任者：奥裕明

奥鹿 生酛山田錦六〇

＊テイスティングコメント＊
カラメルのような甘く香ばしい感触と、その後に続く穀物由来の複雑で重厚な味わいが残像のように広がっていく。熟成して一気に変わるのではなく、原型となる味の要素をも表現した正統的な熟成酒。おとなしく枯れずに、伸びのある味の押しと強みを感じさせる酒である。

原料米：山田錦
アルコール度数：17度
容量：720ml
希望小売価格：2,570円
日本酒度：+6
酸度：1.9
精米歩合：60%
使用酵母：きょうかい7号
製造責任者：奥裕明

西日本・兵庫県

株式会社 西山酒造場

小川酵母を活かし、人々を魅了するやわらかな飲み口

関西地方では珍しく酸の生成が少ない小川酵母（きょうかい10号酵母）を主力に使用。この地域の特徴ともいえる、米の醇味を生かした伸びやかな風味を基調に、なめらかな口あたりとたおやかなイメージの酒質に、ほかの蔵とは一線を画した個性が感じられる。山田錦、兵庫北錦、但馬強力といった県産の酒造米を駆使しながら、米からくる味わいに加え、酵母に由来するやわらかな感触を打ち出すところが、この蔵のアイデンティティだろう。

銘柄は俳人・高浜虚子が名付けたもので、「泊雲」「小鼓子（しょうこし）」という俳号を名乗った3代目、4代目は、その門下生としても活躍し酒造りに因んだ句も多く残している。エキゾチックなボトルやラベルをはじめ、著名なデザイナー綿貫宏介氏による共通した表現で独自の世界観を感じさせる。地元丹波特産の原料を用いた栗焼酎や、国内では珍しくグラッパの生産も手がけている。

小鼓 路《ろ》上《じょう》有花《はなあり》 葵《あおい》 純米大吟醸

小鼓 路《ろ》上《じょう》有花《はなあり》 黒牡丹 純米大吟醸

小鼓 路上有花 葵 純米大吟醸

＊テイスティングコメント＊

やわらかな酸味を芯に据えながら、しっかりと厚みのある味わいがふくらんでいく。米のもつソフトな甘みをもって後に続く味の余韻も秀逸で、伸びやかなうま味に引き込まれていくような心地よさが感じられる。ボトルの存在感も相まって、見た目にも昂揚感を高めてくれる酒である。

原料米：山田錦
アルコール度数：16〜17度
容量：720ml
希望小売価格：5,400円
日本酒度：+1
酸度：1.0
精米歩合：50%
使用酵母：
10号酵母(小川明利酵母)
杜氏名：八島公玲

小鼓 路上有花 黒牡丹 純米大吟醸

＊テイスティングコメント＊

かつてこの地方で栽培され、60年ぶりに復活させた酒米、但馬強力を使用。イチゴミルクのような甘い香気の中で、苦み、酸味などに縁取られた野趣を伴った感触がある。ぐんと伸びる押しの強さと後口に切り立つように現れる辛さの断面が、味の濃い料理との相性を感じさせる。

原料米：但馬強力
アルコール度数：16〜17度
容量：720ml
希望小売価格：3,240円
日本酒度：＋2
酸度：1.0
精米歩合：50%
使用酵母：
10号酵母(小川明利酵母)
杜氏名：八島公玲

西日本・岡山県

株式会社 落酒造場

地米、朝日の魅力を引き出す山陽期待の新星

大正の鶴 純米吟醸 中取り

果物の産地として有名な岡山県は、良質な飯米を産出する山陽地方を代表する穀倉地帯でもある。酒造好適米については雄町、山田錦の産地として知られているほか、優良な飯米として知られる朝日やアケボノといった一般米も多く酒造りに利用されており、これらは他県にも盛んに移出されてきた。

朝日を用いた純米酒造りで定評のあるのがこの蔵だ。好適米に比べるとふくらみの少ない、すんなりとした味わいの傾向になるのが一般米の宿命だが、一見ハンディとも取れる性質を逆に生かし、やわらかな味の流れを生かした楚々とした風味に非凡なものを感じさせる。杜氏を兼務する落昇専務は、東京農業大学醸造学科を卒業後横浜のデパートで勤務し、製造流通の知識を生かすべく蔵に帰ってきた。火入れ後の急冷を徹底し、純米酒以上の製品はすべて冷蔵で瓶貯蔵するなど、なめらかな酒質を生かす工夫を重ねながら、年々酒質のレベルアップが果たされてきている。山陽地区の新星として期待したい。

大正の鶴 特別純米

＊テイスティングコメント＊

ミルクや生クリームを思わせる香りがあり、味の流れもよく練れたやわらかい感触である。ダイナミックな味の起伏はないものの、穏やかな酸味を底辺に据えながら米の醇味がゆったりと口中に反芻し、食との相性を探り始める。奥ゆかしく可憐な印象の酒である。

原料米：備前朝日
アルコール度数：16度
容量：720ml
希望小売価格：1,566円
日本酒度：＋2
酸度：1.6
精米歩合：60%
使用酵母：きょうかい9号
杜氏名：落昇

＊テイスティングコメント＊

ささやくように感じるひそかなリンゴ、カリンを思わせる香り。そのはざまにはふっくらと炊き上がったご飯のような感触がのぞく。素朴な印象の酒であるが、一般米を用いながら背伸びすることなく、穏やかな米のうま味を伝えていこうとする姿勢に好感がもてる。

原料米：備前朝日
アルコール度数：17度
容量：720ml
希望小売価格：1,836円
日本酒度：＋3
酸度：1.7
精米歩合：50%
使用酵母：きょうかい9号
杜氏名：落昇

西日本・広島県

白牡丹酒造株式会社

酒都、西条に構え広島酒を代表する気品ある甘口

全国有数の酒どころ広島、西条。東広島市の表玄関として、大学や研究機関が整備されベッドタウン化が進み、毎年10月上旬には20万人以上が訪れる、酒まつりが開催される。「酒都・西条」と称されるこの町に、白壁にえんじ色のかわら屋根が映える5つの酒蔵を構えている。300有余年の歴史を有し、幾多の文人墨客にも愛されてきた広島を代表する銘酒である。

ふくよかなうま味を伴ったきれいな甘口タイプの酒質が身上で、広島県内では圧倒的な支持を集めてきた。元来山陽地方は濃醇型の酒が主流をなしているが、ラインナップ全般にその嗜好にかなった味わいが感じ取れる。原料米には山田錦を筆頭に県産の八反を用いるほか、近年開発された広島県独自の酒造好適米、千本錦を大吟醸に積極的に利用している。伝統の広島型である従来のふっくらとした厚みのある味わいから、この米の特質を反映して幾分すっきりとした風味が感じられるようになってきている。

白牡丹 純米吟醸

＊テイスティングコメント＊

含んだ際に広がる香りにやわらかい甘みがしっかりと寄り添い、軽やかな流れの中にも米のうま味を伝える優しい酒。酸味や苦みといった直感的な味の要素を表に出さず、一歩引いた感じの穏やかさ、奥ゆかしさが料理との自然の調和を引き出す。冷用から燗まで温度帯も幅広い。

原料米：酒造好適米
アルコール度数：15度
容量：720ml
希望小売価格：1,620円
日本酒度：－2
酸度：1.6
精米歩合：60%
使用酵母：熊本酵母
杜氏名：増岡友和

白牡丹 大吟醸

＊テイスティングコメント＊

ふくぶくとした香気、丸くやわらかな味の層が次第に盛り上がってくるような感触は、まさに大輪のボタンの花を思わせる。余韻の中にも感じるうま味を絶妙に配した、気高さを感じさせる酒だ。うま味をもって大吟醸酒という最高品質に昇りつめたところに、この蔵の真骨頂を感じる。

原料米：
山田錦、千本錦
アルコール度数：17度
容量：720ml
希望小売価格：3,240円
日本酒度：＋6
酸度：1.3
精米歩合：40%
使用酵母：広島吟醸酵母
杜氏名：鹿島正

西日本・島根県

木次酒造株式会社

濃醇な酒質に映る
奥出雲の風土。山陰の
ニューフェイス

神話のヤマタノオロチ退治に登場する八塩折之酒は、酒好きの大蛇を酔わせて眠らせるため、8回醸した濃厚で強い酒であったと伝えられる。伝説の舞台である奥出雲地区では、この酒をルーツに仰ぐかのように現代でも濃醇型の酒質が主流だ。食糧保存の必要性から濃い味付けが好まれる山間部の嗜好だけでなく、付近一帯は酒造好適米の産地であり、米の醇味を生かした酒造りが営まれてきた。

しっかりとした酸味を据えた押しの効いた酒質がこの蔵の特徴で、香りに派手さはないものの、きょうかい7号酵母を主体にしたボディ感のある酒質に一貫性がある。中央ではまだ無名ながら、今後西日本を代表するひとつの個性として、注目を集めていくような大きな器を感じさせる酒蔵だ。日本海側の山間部にあってこの酒銘なのは、大正時代の創業者が大きい名と美しい海にちなんで、おいしい酒でありたいと願ったからだとか。戦後、「南」太平洋を「美波」に変えたのは「Viva!」に掛けて。代々のセンスにも驚かされる。

雲
純米吟醸 無濾過生原酒

＊テイスティングコメント＊

ナッツのようなニュアンスをもちながら、酸の存在を印象付ける独特な香りが口中に満ちる。酸味や苦みなどを巻き込みながら、もくもくと沸き立ってくるような強い味わいがあり、数値以上の酸度の高さを感じる。洗練味はないがどこか田舎のたたずまいを彷彿とさせる、野趣あふれる酒である。

原料米：佐香錦
アルコール度数：19～20度
容量：720ml
希望小売価格：1,851円
日本酒度：＋5～6
酸度：1.5
精米歩合：55%
使用酵母：きょうかい7号
杜氏名：川本康裕

美波太平洋
純米 無濾過原酒生

＊テイスティングコメント＊

青いバナナ様の香気をはらみ、口中にざっくりと切れ込んでくる太い酸味が特徴的。無濾過原酒生であるがゆえに荒々しさも残るが、7号酵母を用いたこの蔵の個性が十二分に発揮された酒。酸のもたらすキレ味の余韻にも、しっかりしたうま味の残像が感じられる濃醇タイプ。

原料米：五百万石
アルコール度数：19～20度
容量：720ml
希望小売価格：1,697円
日本酒度：＋6～7
酸度：1.4
精米歩合：65%
使用酵母：きょうかい7号
杜氏名：川本康裕

西日本・香川県

有限会社 丸尾本店

濃密な風味で拓く独自の境地。維新の歴史を刻む蔵

金刀比羅宮の門前町、琴平に建つ酒蔵は、幕末期には勤皇の志士たちが出入りし、高杉晋作をかくまっていたことで知られる。晋作が幕府側の奇襲を受けた際には、酒樽の中に隠れて難を逃れたという逸話も残されている。

歴史の証人ともいえるこの酒蔵で醸されているのは、米の醇味を最大限に引き出した濃厚で密度の高い酒。酸度、アミノ酸度、アルコール度数の高さに加え、とろりとした口あたりと濃い色合い。旨口型の極致ともいえるスタイルで、平成10年頃より無濾過生原酒が人気となるのを契機にブレイクした。

淡麗な甘口タイプが主流を占める讃岐地方では異色の存在であるだけでなく、前述したこの蔵独自の酒質として、全国的に専門酒販店、銘酒居酒屋でも一目を置かれている。山廃仕込や熟成を経てよりその傾向を際立たせた酒を展開する一方、最近は比較的に若いタイプの酒も出荷して、本来の特徴を維持しながらもラインナップの幅を広げている。

悦《よろこび》凱陣 純米山廃 赤磐雄町 無濾過生酒

＊テイスティングコメント＊

クルミやアーモンドなど細かく刻んだナッツのような香気。歯切れのよい酸とそれに呼応するボリューム感のある米のうま味に魅了される。酸味は求心的に味全体をまとめ上げるように、また一方でほかの味の要素と向き合うように対峙しながら、その存在を顕示している。

原料米：赤磐雄町
アルコール度数：18.8度
容量：720ml
希望小売価格：1,836円
日本酒度：＋8
酸度：2.3
精米歩合：68%
使用酵母：熊本9号
製造責任者：丸尾忠興

悦《よろこび》凱陣 手造り純米酒

＊テイスティングコメント＊

ふっくらとした甘いカスタードクリームのような感触が先に立つが、底辺にはしっかりとした酸が横たわり、ふくよかな甘みとぶ厚い酸味のコントラストが楽しめる。アルコール度数は15度だが、この蔵の味わいの基本設計である濃厚さをコンパクトに詰めた、普及版といえるだろうか。

原料米：オオセト
アルコール度数：15～16度
容量：720ml
希望小売価格：1,523円
日本酒度：＋11
酸度：1.3
精米歩合：60%
使用酵母：熊本9号
製造責任者：丸尾忠興

川亀酒造合資会社

新進の吟醸産地で頭角を現す若手蔵元の酒

東西に長い海岸線を擁する愛媛県。ミカンの産地として知られる温暖な気候から、日本酒はあまり結びつかないかもしれないが、じつは四国ではもっとも多い40余りの酒造メーカーが点在する。近年は県が開発した酵母、EK－1や酒造好適米、しずく媛がデビューし、新進の銘醸地として注目を集める。そのほとんどが製造量数百石と生産規模は少ないのだが手造りに徹し、その中で頭角を現してきている酒蔵である。

ふくよかな甘みを備えた濃厚な酒質が愛媛酒のアイデンティティであり、この蔵の酒にもやわらかく含みのよい共通した特徴がみられるが、それを踏まえつつ均整の取れた味わいに、地の味を越えた洗練された風味と高い技術力を感じる。また中硬水の特性を生かして、早くから四国では珍しい山廃仕込に取り組んでいるところもユニークな点である。特定名称酒は山田錦、雄町、五百万石といった代表品種のほか、県産のしずく媛を使用。それぞれに品種固有の特徴が酒質にも反映されている。

川亀 特別限定 純米大吟醸

＊テイスティングコメント＊
含むと湧き上がってくるようなパイナップルに似たジューシーな香り。南国的な香味が弾み口中に満ちあふれていく。芳醇で甘みを据えた昨今トレンドの大吟醸酒のスタイルである。後口はやわらかくすべりのよい感触に、地元宇和海のような太陽が降り注ぐ明るい海をイメージさせる。

原料米：山田錦
アルコール度数：17.5度
容量：720ml
希望小売価格：5,400円
日本酒度：＋2
酸度：1.4
精米歩合：35%
使用酵母：自社保存株
杜氏名：二宮靖

川亀 純米吟醸 雄町

＊テイスティングコメント＊
雄町の特徴である甘みと酸味を押し出しながら、ほんのりと土を連想させるミネラル感もあり、地に根を張ったような芯の強さを感じさせる。人にたとえるとやや気むずかしそうなところもあるが、一旦打ち解けると一生の友になれるような面がある。そのあたりにもこの米の特性が感じ取れる。

原料米：雄町
アルコール度数：16.3度
容量：720ml
希望小売価格：1,620円
日本酒度：＋5
酸度：1.4
精米歩合：55%
使用酵母：自社保存株
杜氏名：二宮靖

西日本・福岡県

井上合名会社

筑後の銘醸が 地元米から繰り出す バラエティ豊かな酒質

辛醸美田 山廃純米 +14大辛口

＊テイスティングコメント＊

九州にあって焼酎との棲み分けからだろうか、清酒固有の味わいの主張が感じ取れる大辛口酒。終始強い酸味に跳ね返されるような、酸のもつ一定の幅と厚みがある。山廃で大辛口というと強さや濃さをイメージさせるところがあるが、決してそれだけではなく引きのよさももち合わせている。

原料米：糸島産 山田錦
アルコール度数：15度
容量：720ml
希望小売価格：1,404円
日本酒度：+14
酸度：2.1
精米歩合：70%
使用酵母：きょうかい901号
杜氏名：井上宰継

三《み》井《い》の寿 純米吟醸 芳吟

＊テイスティングコメント＊

華やかな香りとサクランボのような甘みと酸味を据えた飲み口が交錯。香りの高さに引っ張られることなく、しっかりとした味の厚みをもたせている。味の要素は多いが小さくまとまるのではなく、大きく味を出し切りながら全体のまとまりを追求しているところに、九州の蔵らしさを感じる。

原料米：糸島産 山田錦
アルコール度数：15度
容量：720ml
希望小売価格：1,674円
日本酒度：+3
酸度：1.3
精米歩合：55%
使用酵母：自社酵母
杜氏名：井上宰継

福岡県は昭和40年代、出荷量で全国2位を誇ったこともある酒どころ。蔵が位置する筑後地方には今でも酒蔵が多く、西日本有数の日本酒産地となっている。また肥沃な稲作地帯を擁し、酒米の生産地としても知られている。

県北西部の糸島地区で収穫される山田錦を主体に、早くから純米造りに力を注いできた酒蔵である。最近では、夢一献や吟のさとといった新しく開発された酒造好適米を用いた商品も手がけている。どの酒も全体的に九州の酒らしくふくよかなうま味を備えており、コストパフォーマンスの高さに目を見張るものがある。

九州では珍しく山廃仕込に取り組んでいる「美田」シリーズや、季節商品で夏場に販売される「CICALA」（チカーラ、蝉の意味）、秋限定の「PORCINI」（ポルチーニ茸）など、イタリア語のタイトルとその銘柄をモチーフにしたラベルの製品で、バラエティに富んだ酒質や幅広いコンセプトの商品展開を行なっている。

西日本・佐賀県

富久千代酒造有限会社

甘美な酒質で人気上昇中 佐賀酒の旗手

米からくるふくよかな甘みに特徴があるといわれる佐賀の酒。焼酎産地としての印象が強い九州にあって、昔から全国有数の清酒消費量を誇ってきたのも、焼酎にはないうま味を生かした酒質と無関係ではない。その特徴的な味わいを備えつつ、華やかな香りとみずみずしい飲み口をもって注目を集めているのが、郷土の旧藩を酒銘に据えたこの酒である。

地元の酒販店を中心に販売を開始した新しい銘柄であるが、2011年には世界的なワイン・コンペティションである、インターナショナル・ワイン・チャレンジの日本酒部門で、出品酒全体の1位にあたる「チャンピオン・サケ」に選定され、全国的な人気に火がついた。

また有明海に面する佐賀県鹿島市浜地区周辺は、この蔵をはじめとした6つの酒蔵が密集し、毎年3月には「酒蔵ツーリズム」と称してこの地を巡るツアーが開催されている。今や内外に向けて佐賀酒を発信し続ける、その中核的な存在の酒蔵といえるだろう。

鍋島 特別純米酒

＊テイスティングコメント＊
熟した果実様の香りに加えちらちらとガスを含んだ、スキップするような躍動感を感じさせるポップな酒。前半のイキイキとしたイメージと、あっさりとした引き際の軽みのコントラストがまた楽しい。総じて快活で陽気な印象をもった、「鍋島」ブランドの特徴をよく表す酒である。

原料米：山田錦、雄山錦
アルコール度数：15～16度
容量：720ml
希望小売価格：1,424円
日本酒度：＋3
酸度：1.2
精米歩合：55%
使用酵母：非公開
杜氏名：飯島直喜

鍋島 純米吟醸

＊テイスティングコメント＊
メロン、イチゴ、パイナップルなど、さまざまな果実の香りがミックスされた、エキゾチックな印象の酒。艶やかな香りとは別に、口中には軽快な酸味が現われ、若々しい感触に高揚感が引き出される。濃厚な味わいが多い佐賀酒の中では、後口の軽さにほかの蔵と一線を画する。

原料米：山田錦
アルコール度数：16度
容量：720ml
希望小売価格：1,728円
日本酒度：＋1
酸度：1.5
精米歩合：50%
使用酵母：非公開
杜氏名：飯島直喜

浜嶋酒造合資会社

酒米栽培に意欲、地元にこだわり醸す丸くやわらかな酒

鷹来屋《たかきや》 若水 純米吟醸

鷹来屋 大分三井《みい》 純米吟醸

昭和53年の造りを最後に、長らく休造していた自社での酒造りを平成9年に再開。営業にいそしむ傍ら通信教育で酒造りを学ぶなど、17年にわたるブランクを解消し復活にかけた若き蔵元の情熱は、多くの人たちの心を打つと同時に、九州域内の他県でもこのような「復活蔵」が相次いで登場するきっかけを作った。浜嶋弘文蔵元が自ら杜氏を務める、手造りという言葉が似つかわしい年産約500石（一升瓶換算で5万本）の小さな酒蔵である。

近年は地元での酒米の栽培にも努め、山田錦のほか、九州では数少ない若水や、昭和40年代までこの地方で作付されていた大分三井といった独特の品種も手がける。酒質は総じて米に由来するやわらかなうま味が引き出され、酸味や苦みなど特定の味の要素が突出せず包容力のある味わいは、〝完全な球形〟を思わせる心地よい調和感がある。華やかな香りや派手なインパクトを求めず、食中酒としての理想を追うこの蔵のスタイルが、よく表れているといえるだろう。

＊テイスティングコメント＊

若水は山田錦などに比べると味に硬さが出る米といわれる。ベースに若い渋みや苦みをたたえて未完の要素をはらみながらも、ゆったりとしたうま味をもって丸く収まっている。自然体の正攻法で酒造りに臨む、この蔵のアイデンティティが感じられる酒だろう。

原料米：麹 山田錦20%
掛米 若水80%（自家栽培）
アルコール度数：
15度以上16度未満
容量：720ml
希望小売価格：1,674円
日本酒度：＋4
酸度：1.4
精米歩合：麹 50%、掛米 55%
使用酵母：きょうかい9号
杜氏名：浜嶋弘文

＊テイスティングコメント＊

酒造好適米には認定されていないものの、酒造りに向く米として以前に大分で酒造りに利用されていた米。すんなりとした飲み口はフラットな印象ではあるが、均等に味の要素をまとめ上げた感がある。あえていえば平凡の美学があり、このような米に視点を浴びせる意義を感じさせる。

原料米：大分三井
アルコール度数：16度
容量：1800ml
希望小売価格：3,024円
日本酒度：＋4
酸度：1.4
精米歩合：
麹 50% 掛米 55%
使用酵母：熊本酵母
杜氏名：浜嶋弘文

株式会社 熊本県酒造研究所

吟醸酒の歴史を切り拓く 9号酵母発祥の蔵

細川藩により江戸時代まで清酒の醸造が禁止されていた熊本県。暖地であるがゆえ製造上のリスクが伴い、当時米がまだ貴重で経済に与える影響が大きく、このような政策が執られていた。明治に入り他県に遅れていた酒造りの技術を取り戻すべく、県内酒造家の共同出資によって設立されたのがこの蔵である。以後清酒の南限ともいえるこの地のハンディを覆し、熊本県産酒のレベルアップに大きな功績を果たしてきた。

また吟醸酒の歴史を語る上でも、この蔵を欠かすことはできないだろう。吟醸酒の香味の特徴となる、華やかな香りとふくよかな味を引き出す熊本酵母は、今から60年ほど前にこの蔵元で発見された。後にきょうかい9号酵母として全国の酒蔵に向け頒布されるようになり、今日の吟醸酒質を確立するとともに日本酒全体の酒質の向上に果たした役割は大きい。今でも全国の蔵元が吟醸造りの目標と掲げる酒蔵のひとつである。

香露 純米吟醸

テイスティングコメント

なめらかな口あたりにイチゴのような若い香りが交錯する。味わいのベースにたたずむおおらかにして歯切れのよい酸味が、落ち着いて気品のある味わいを誘う。肉料理や濃い味付けの煮物のほか、和食以外にも幅広い食とのマッチングが楽しめる、懐の深い酒である。

原料米：山田錦
アルコール度数：16度
容量：720ml
希望小売価格：3,045円
日本酒度：+1
酸度：1.6
精米歩合：
麹 45% 掛米 55%
使用酵母：熊本酵母
製造責任者：森川智

香露 大吟醸

テイスティングコメント

熟したリンゴやメロンのような香り。穏やかな苦みをたたえる味の底支えが、香りの厚みを増幅させる。特有の果実香に細かく刻み込まれたほどよい苦みが、食との接点を広げている。吟醸酵母の本家といえる、この蔵ならではの風格を備えたバランスのよい大吟醸酒。

原料米：山田錦
アルコール度数：17度
容量：720ml
希望小売価格：4,197円
日本酒度：+3
酸度：1.4
精米歩合：38%
使用酵母：熊本酵母
製造責任者：森川智

発酵食品で簡単アテづくり

味噌、塩麹、日本酒。
同じ発酵食品だけに味わいの共通点も多く、
自家製アテづくりは最適。
味噌と塩麹、両方に同じ食品を漬けて
手軽なおいしいアテを作ってみよう。

小口に切り、生のまま漬けた
パプリカ
三枚におろして漬けた
鰯は、焼いていただく
酸味にうま味が加わる
クリームチーズ
山芋にうま味が加わり、
納豆のような味わいに
うま味が加わった豆腐は
濃厚なチーズ風に
鶏胸肉をふた晩漬け込み、
焙るとおいしいハムに

西京味噌漬け

白味噌に、みりん、酒を加えて作り、その中へ材料を入れるだけ。田舎味噌をアクセントに入れてもOK。いずれの食材にも塩気とうま味と甘みが増すので、純米酒、とくに生酛などと合わせるのがオススメ。また、軽やかに合わせたいなら吟醸酒もいい。

塩気で水分が出た分
食べ応えのある豆腐に
鶏胸肉はロール状に
ラップで包んで湯銭に
輪切りの長芋を
梅肉を混ぜた塩麹漬に
うま味が凝縮した
塩味の茹で卵に変身
細く刻んだパプリカは
和える程度でサラダ風
酸味にコクが加わる
クリームチーズ

塩麹漬け

塩麹は米麹、塩、水で作れるが、市販ならもっと簡単。漬けすぎると塩辛くなるので要注意。食材に塩気と麹の風味が加わるので日本酒全般に合う。漬けが浅いなら本醸造や吟醸など軽めの酒、脂分の多い食材や漬けの深いものほど濃醇でコクのある味わいの酒を。

初心者から
通まで納得の
ラインナップ

お腹がふくらまずに味わえる珍味の特性は、日本酒をゆったり味わうシチュエーションにピッタリ。「酒好きなら確実に喜ぶ」珍味候補は日本全国より20品が推挙された選考会を経て、ANA搭乗に至るのは、厳選されたわずか2品だ。

日本酒で!!

知名度におもねる時代が終わった今、
日本酒は実質とストーリーで勝負！
ANA機内でうれしい驚きをもたらす
酒選定会の現場に潜入した。

通も唸る酒を選び抜く英断

日本酒通の常連が感嘆する姿を想像しながら、いまだ知名度の高まっていない秘酒を探し、シーズンごとに取り揃えていく……まるで、居酒屋にて酒にこだわる頑固オーナーが奮闘する様にも聞こえるが、じつはこれ、雲の上で提供する日本酒を選ぶ、日本酒選定会の話。いまやANAの国際線ファーストクラスやビジネスクラスでは、数多くの日本酒で喉を湿らせてきた猛者も思わずニヤリと笑うほど、渋い品揃えなのだ。

ANAでは長年、〝ファーストクラス用には純米大吟醸を、ビジネスクラス用には純米吟醸を〟との選定基準が守られ続けてきた。しかし、「純米大吟醸だから必ずしもおいしい、という保証はありません。そのような概念をすべて外し、味、食事との相性をより重視するべきです」と、ANAの日本酒選定に新風をもたらした太田和彦さんの弁。30年の間、日本各地の酒処を訪問し、時代や飲み手の嗜好による日本酒の移り変わりを見つめてきた人物で、ANAの日本酒アドバイザーも務めている。

「太田先生が『ぜひ応援したい』とANAの日本酒選定に関わってくださったおかげで、大きな進歩がありました」と語るのは、ANA機内食シェフの戸塚努さん。機内の和食メニュー構成に心を砕く戸塚さんは、当初「ただひたすらおいしいものを」と料理に専念。しかし、自身も唎酒師の資格をもち、太田さんとともに料理と日本酒との相性を考えるに至り、料理人としての意見をANAの日本酒選定会で積極的に発するようになった。

日本酒選定会の参加者は、ラウンジ担当やキャビンアテンダント

日本酒評論家
太田和彦さん
グラフィックデザイナー。居酒屋探訪家としても活躍し、著作本は多数。「機内は、世界に日本酒をアピールする絶好の機会」と気炎を吐く。

機内酒はこうして楽しもう

機内での日本酒の飲み方は、まさにフリースタイルだ。原酒のようにアルコール度数が高ければ、氷を入れて薄めながら飲んでもかまわない。また、熱燗も用意できるので、キャビンアテンダントにその旨を伝えれば徳利に入れて提供してくれる。旅慣れた人ほど、上手に希望を伝えるという。気後れすることなく、どんどん主張してみたい。

ANAの地上ラウンジから機内までの連続した時間と空間を、いかに日本酒でつなげていくべきか。タイプの異なる酒を選びつつ、提供する順番をも考慮して日本酒選定会は進んでいく。

「高級な酒だけ並べるのはつまらなくて、かえって貧しい」と太田さん。話題性が高くトークが弾むというポイントも選定基準のひとつで、乗客の舌だけでなく脳をも喜ばせる酒にスポットを当てる。

Column

空の旅のお供も

も含めた多彩な顔ぶれだ。皆で決めるのは、フライト前の地上ラウンジで旅立ちを飾る日本酒1種と、機内でくつろぎをもたらす日本酒3種。

「こちらは華やかな日本酒ですが、料理と合わせるなら、まろやかな味の別タイプがおすすめですね」と、料理人の戸塚さんが具体的に指摘すれば、太田さんも「そちらのほうが、おだやかで飲み飽きしませんね」と相槌を打つ。そう、ANAでは各分野のプロフェッショナル同士が議論し、酒を選ぶ。ラウンジと機内との時間的な連動、酒と料理との相性など、点数評価だけでは判断できかねる要素をも合議制で拾い上げていくのだ。

酒とともに珍味も世界へ

今回の選考会では、酒のほか珍味の候補も登場した。酒好きの心をくすぐる珍味は、クセの強いものが多い。

「お酒をおいしくする珍味という存在は、海外にありません。同じく少量で出されるアミューズでも、珍味ほど素材や調理法の幅はない。アクや匂いが強いのでワインには合わない珍味ですが、日本酒にはどれも本当に合う。珍味は、翻訳せず『CHINMI』というワードのまま、日本酒とともに世界へ出てほしい」と太田さん。

続けて戸塚さんは、「同じ珍味でも、できるだけ皆さんに受け入れられる、やわらかい風味のものを用意していきます」と細やかに配慮する。

日本酒と、日本酒をさらに楽しむきっかけを作る珍味。両者の合わさった日本の食文化をANAから発信していくのが、日本酒選定会で審議に携わった全員の願いだ。

今、ANAの機内では日本全国の酒場で育まれる潮流の、さらに一歩先を行く日本酒文化が楽しめる。酒にまつわるストーリーに心を躍らせる次のANAフライトが、じつに待ち遠しい!

ANA機内食シェフ
戸塚 努さん
都内の日本料亭を経て、1999年にANAケータリングサービス入社。季節ごとの素材を活かした国際線機内食を提供。唎酒師。

日本酒海外事情

海を渡る日本酒

欧米でもさらに注目高まる〝SAKE〟

原料においても、造りにおいても、さらには愉しみ方においても大きく変化を遂げつつある日本酒。海外ではどう受け止められているのだろう？ 輸出先ナンバー1のアメリカと、近年、さらなる注目を集め始めたフランスの事情をレポートする。

USA

日本酒の楽しみ方が増え輸出量の伸びも順調

ジョン・ゴントナーさん

日本酒伝道師。アメリカではエンジニアとして働いていたが、1988年に来日後、日本酒に魅了される。94年より8年間『THE JAPAN TIMES』の日本酒コラムを担当。英語、日本語両方の著作本あり。

日本酒紹介の著作本を数々執筆し、セミナー講師としても活躍する、オハイオ州出身のジョン・ゴントナーさん。日本とアメリカを行き来しながら、ソムリエをはじめとする飲食業界のプロを相手に日本酒の魅力を説き続けている人物だ。さて、アメリカでの日本酒需要は果たしてどれほどのものか？ ゴントナーさんに解説してもらった。

「アメリカでもどこでも、料理やお酒にこだわる人は、すぐ日本酒のよさに気づきます。ここ10年以上、日本からアメリカへ輸出される日本酒は、平均して毎年10％以上の伸び率を見せています。量も売上も、ですよ」。

飲食業界も、大きく変化した。ひと昔前までは日本食レストランで熱燗だけお目見えする程度だったが、いまや冷酒スタイルも定番に。また、フレンチやイタリアンのシェフが、ジャンルを越えて日本酒に合う料理を次々と編み出してくれるという。

「大吟醸でも四合瓶（720ミリ）なら3000円以上するものは少なく、普通サイズのワイン（750ミリ）と比べてもさほど高くはありません」と、ゴントナーさん。アメリカへ輸出すると日本酒はほぼ倍の価格になってしまうものの、ワイン好きが日本酒好きへとスライドする確率の高いアメリカ人にとって、けっして手の届かない価格帯ではない。

ゴントナーさんはつねに日本全国の蔵元や試飲会会場を巡り、酒質の変化や最新の流行傾向をチェックしてきた。そこから得られた専門的な知識も、セミナーでは積極的に発信する。

「私のセミナーは3日で85種類の日本酒を5回に分けてテイスティングしていく、かなり濃い内容。ソフト面からも日本酒に興味をもってもらうため、『この銘柄の米は前年の醸造時、糖化が完全に進まずイマイチでしたが、今年はしっかり糖化できて酒質が高くなりました』などという話までします。それでも、『そこまで知ってどうするの？』とこちらが思うくらい、何でも知りたがるマニアックな人はアメリカにもいるのです（笑）」。

今、アメリカでは各州の酒の流通に深く関わる大手の問屋が、次々と日本酒に興味を寄せているという。と同時に、少量のツマミと日本酒を楽しむ「居酒屋」という存在も、一般の消費者に少しずつ知られつつある。さらには、日本酒醸造を体験したアメリカ人が、祖国へ戻り日本酒蔵を興す例も増えてきた。現在、ミネソタ州のミネアポリスほか、テキサス州、さらにはカナダのトロントにまで、酒蔵が波及しているのだとか。

「ただ、日本酒は業界全体で見ても一気に生産量を増大させることがむずかしい。だから、世界でも年々少しずつ、順調に盛り上がっていければと思います」。

2001年にハワイで始まった日本酒の利き酒イベント「JOY OF SAKE」。毎年2500人を集客する、今や世界最大の日本酒イベントに。日本でも毎年11月に開催されている。
http://www.joyofsake.jp/

世界最大級のワインとスピリッツの見本市、ヴィネクスポ・ボルドーの会場でひと際目を引いた6つの蔵元の共同ブース。バーのカウンター越しに試飲と商談が繰り広げられた。アスパラガスのようなワインに合わせにくい野菜などとも相性がよい、と日本酒をアピール。ある程度知識のあるバイヤーが増えてきたという。

FRANCE

本格上陸も間近!? 若者を中心にムーブメント

２０１３年のパリにおける日本酒のプロモーションは、例年に増す活況を呈している。まず、これまで10年以上にわたって展開されてきたトップソムリエやトップシェフ、レストラン関係者、小売業者らへの地道な普及活動の成果で、「精米歩合」や「吟醸」といった日本酒用語も、飲食業界に携わるフランス人の口から聞かれるようになってきた。そしてオピニオン・リーダーとなる日本酒愛好家も徐々に増え、本格的な市場開拓への地固めができてきた印象だ。

６月半ばに開催された世界最大級のワインとスピリッツの見本市「ヴィネクスポ・ボルドー」の日本酒ブースでも、日本酒造りや味わいを充分理解した上での商談が以前より増えてきたという。そして今、この状況に吹き込まれる新たな追い風は、20代30代の若い消費者層の存在だ。同時期に、パリで初開催となった日本酒の見本市「Sake Tasting（サケ・テイスティング）」では、流行に敏感な若者が集う北マレ地区を会場に、85銘柄、約１８５種の日本酒が勢ぞろいし、２日間で１４００名の入場者と大盛況。イベントに訪れたフランス人ジャーナリストは、「20年くらい前から日本酒のプロモーションを見てきたが、今は絶好のタイミング。なぜならインターネットなどの普及で情報手段が充実したことと、海外旅行にも行きやすくなるなど、ワインしか飲まなかったフランス人の頭の構造も柔軟になってきたからでは」と分析する。

若者の支持はマンガの影響!?

パリ初開催の「サケ・テイスティング」の発起人は若手ふたり。フランス人に日本酒の魅力を伝えるアカデミー・デュ・サケを創設し、フランス人初のサケ・サムライに任命されたシルヴァン・ユエとパリの一つ星レストラン「ソラ」や「サケ・バー」のオーナーであるユーリン・リーだ。彼らの案で、プロだけでなく、一般の若者が気軽に立ち寄れるよう北マレ地区のデザイン・センターが会場となった。

FRANCE

**若者に人気のセレクトショップや北マレ地区を
会場に、日本酒の「新米愛好家」が集結。
フランス人の最近のお気に入りは日本酒！**

出展蔵元は同時期に開催された「ヴィネクスポ・ボルドー」後パリに駆けつけ、比較的最近日本酒に関心を寄せ始めた新米愛好家や日本と日本文化に興味のある若者らを前に、業者向けのイベントとはやや趣向の異なる試飲やセミナーを行なった。とくに注目されたセミナーは、若きワイン醸造家ゴチエ・ルッシーユにさんよる「ワインと日本酒比較」。前年、栃木県の惣誉酒造で2カ月間日本酒の仕込みの修業をした彼は、ワインの醸造方法を軸に、ワインと日本酒の仕込み方の接点、相違点を解説。プロの醸造家的視点と一般のフランス人的視点で捉える日本酒解説は、愛好家予備軍にも伝わりやすく効果的だったようだ。また、技術的な話とは別に興味深かった点は、醸造家ルッシーユさんを日本酒造りに駆り立てた理由。「日本酒はワインのようなアルコール類としての魅力だけでなく、日本文化のひとつとしても惹かれます。以前のフランスでは、日本文化は遠い国の、手の届かないものだったかもしれないけれど、僕たちはテレビで日本のマンガを見て育った世代。だから子供のころからマンガを通して日本を身近に感じ、マンガをきっかけに、日本の歴史や文学、映画などさまざまな文化に興味をもち始め、成人した今は自然と日本酒に関心が移行したのです」。こういった柔軟な思考の若者に、今後も期待が寄せられる。

愛好家団体など、新たな展開も

パリで銘酒を扱うパイオニア的日本食材店Workshop ISSE（ワークショップ・イセ）も、画期的な切り口で新たな層の開拓を試みている。ファッションの流行発信地であるセレクトショップ「コレット」内のフロアにあるウォーター・バー（世界のお水をリストアップしたバー）や、新装オープンしてより豊富なラインナップをそろえる左岸の高級デパート「ボン・マルシェ」で日本酒イベントを開催し、若者の好奇心を刺激する。そのほか人気のバーやクラブで飲まれやすいように、またパーティでの手土産として持参しやすいように、一合瓶での販売強化も図る。そしてISSEは13年から日本酒愛好家として知られる俳優のジェラール・ドパルデューや元世界最優秀ソムリエのオリヴィエ・プシェら錚々たる顔ぶれを集めてフランス日本酒愛好家団体「ベック・ファン・ド・サケ（Becs Fins de Sake）」も結成している。彼らオピニオン・リーダーの牽引で、愛好家が増えることに期待したい。

パリの流行はここから生まれる、といわれるセレクトショップ「コレット」。地下にあるウォーター・バーではその名の通り、世界の水を提供する。水を素材にした日本酒に、若者も興味津々。

人気のクラブやバーで楽しまれる剣菱と黒龍の一合瓶（上）。ひと味違うパーティの手土産としてのニーズも高い。日本酒も好評のISSEが経営する、パリの日本食レストラン（下）。

プロだけでなく一般の愛好家が集まった「サケ・テイスティング」（上）。真剣に話を聞きながら試飲する。惣誉酒造の河野遵社長と惣誉酒造で修業した醸造家ゴチエ・ルッシーユさん（下）。

データ編

日本酒 主要銘柄 リスト

Brand List

Basic Lessons of Sake

千歳鶴

日本清酒㈱

明治5（1872）年創業、北海道でもっとも長い歴史をもつ酒蔵。日本清酒の「丹頂蔵」で使用している水は、豊平川の伏流水。おいしい酒造りに適した中硬水で、すべての作業を自然の恩恵であるこの水を使用している。

主なラインナップ
- 吉翔
- 柴田 純米吟醸
- 千歳鶴 からくち

住所 ● 札幌市中央区南3条東5－2
電話 ● 011-221-7106
URL ● http://www.nipponseishu.co.jp/

金滴

金滴酒造㈱

明治時代に奈良県からの移住者により酒造りを開始。平成20（2008）年に民事再生法を申請したものの、新しい杜氏のもと、金滴の北海道産酒米を100％使用した少量仕込みの特別純米・純米吟醸により苦境を脱した。

主なラインナップ
- 金滴 特別本醸造 白鳳 新十津川
- 金滴 本醸造 金冠
- 金滴 北の純米酒

住所 ● 樺戸郡新十津川町字中央71－7
電話 ● 0125-76-2341
URL ● http://www.kinteki.co.jp/

日本酒主要銘柄リスト

北海道

Brand List
in
Hokkaido

日本酒主要銘柄リスト

青森県

Brand List
in
Aomori

国稀

国稀酒造㈱

かつて増毛の沿岸が鰊漁で大いに賑わった明治15（1882）年に、浜で働く若い衆のための酒を造り始めたのが国稀酒造の起こり。古来からよい水に恵まれた地で、海の幸によく合う港町らしい辛口の酒を造っている。

主なラインナップ
- 特別純米 国稀（五百万石55％）
- 特別本醸造 千石場所（五百万石60％）
- 大吟醸 国稀（山田錦38％）

住所 ● 増毛郡増毛町稲葉町1－17
電話 ● 0164-53-1050
URL ● http://www.kunimare.co.jp/

北の錦

小林酒造㈱

半世紀にわたる北海道産米による酒造りを経て100％北海道産米、100％特定名称酒を掲げる蔵。北の大地のような、力強く爽快な味わいの酒を追究している。

主なラインナップ
- 北の錦 特別純米酒 まる田
- 北の錦 純米大吟醸 冬花火
- 純米吟醸 北斗随想

住所 ● 夕張郡栗山町錦3－109
電話 ● 0123-72-1001
URL ● http://www.kitanonishiki.com/

駒泉

㈱盛田庄兵衛

地元産米、創業者の出身地近江産米、播州産山田錦などを使用。寒冷地ならではの低温長期発酵による南部流の酒造りは、駒泉のフラッグシップ「真心 黒ラベル」のほのかな香りとキメ細やかな味から伝わってくる。

主なラインナップ
- 駒泉 大吟醸純米 真心 黒ラベル
- 駒泉 味吟醸 真心 白ラベル
- 駒泉 山廃純米吟醸

住所 ● 上北郡七戸町字七戸230
電話 ● 0176-62-4141
URL ● http://www.morishou.co.jp/

国士無双、一夜雫

高砂酒造㈱

明治32（1899）年の創業以来、旭川の自然を見つめながら酒造りを続けている。大雪山系からの雪清水を仕込み水とし、厳しい寒さと降り積もる雪を利用した「アイスドーム（雪氷室）搾り」や「雪中貯蔵」などの造りが特徴。

主なラインナップ
- 大吟醸酒 国士無双
- 大吟醸酒 雪氷室 一夜雫
- 特別純米酒 国士無双 烈

住所 ● 旭川市宮下通17右1
電話 ● 0166-23-2251
URL ● http://www.takasagoshuzo.com/

北の誉

北の誉酒造㈱

かつて「水は東の小樽」とも謳われた天狗山の伏流水を使い、創業以来、雪の舞う厳寒期の酒造りにこだわってきた。この豊かな自然の中で丹精込めて造り上げた北の誉には「一滴一滴に自然の恵み」が込められている。

主なラインナップ
- 大吟醸 慶福宝
- 純米大吟醸 鰊御殿
- 本醸造生粋 北の誉 金ラベル

住所 ● 小樽市奥沢1－21－15
電話 ● 0134-22-2176
URL ● http://www.kitanohomare.com/

駒泉 真心

← 青森県の酒蔵で生産された日本酒

金滴 上撰

金滴
特別本醸造 白鳳
新十津川

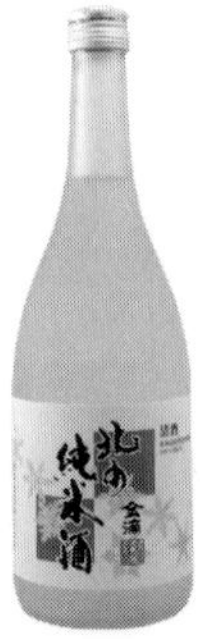

金滴
北の純米酒

← 北海道の酒蔵で生産された日本酒

日本酒主要銘柄リスト

宮城県

Brand List
in
Miyagi

愛宕の松

㈱新澤醸造店

「究極の食中酒」をテーマに、料理の味わいを最大限に引き立たせ、ついついもう一杯、もう一品と繋がっていく酒質。軽快でフレッシュな飲み口とさわやかな酸味が心地よさを演出している。

主なラインナップ

- 伯楽星 純米吟醸
- 伯楽星 特別純米
- あたごのまつ　限定純米吟醸

住所 ● 大崎市三本木北町63
電話 ● 0229-52-3002

一ノ蔵

㈱一ノ蔵

心を込めた手造りの日本酒を目指し、伝統清酒のほか、低アルコール酒「ひめぜん」や発泡清酒「すず音」など革新的な商品開発。またリユース瓶の使用や環境保全型農業の実践など環境に優しい商品作りにも取り組む。

主なラインナップ

- 一ノ蔵 純米大吟醸 笙鼓
- 一ノ蔵 無鑑査本醸造 辛口
- 一ノ蔵 発泡清酒 すず音

住所 ● 大崎市松山千石字大欅14
電話 ● 0229-55-3322㈹
URL ● http://www.ichinokura.co.jp/

日本酒主要銘柄リスト

岩手県

Brand List
in
Iwate

南部美人

㈱南部美人

美山錦や吟ぎんが、ぎんおとめ、トヨニシキなどほぼ地元岩手県産の原料米を平均54%まで磨き上げ、二戸の折爪馬仙峡の中硬水の伏流水で仕込まれる南部美人は、やわらかな口当たりとキレ味のバランスがよい。

主なラインナップ

- 南部美人 特別純米酒
- 南部美人 本醸造
- 南部美人 吟醸しぼりたて生原酒

住所 ● 二戸市福岡字上町13
電話 ● 0195-23-3133
URL ● http://www.nanbubijin.co.jp/

月の輪

㈲月の輪酒造店

南部杜氏発祥の地で、代々の当主が酒造りを受け継ぐ蔵。現在は、横沢裕子が杜氏を務め、平均年齢約30歳の若いメンバーでの造りを行なっている。技術を重ねながら、岩手の風土を感じられる酒を目指している。

主なラインナップ

- 純米酒 月の輪
- 特別純米酒 月の輪
- 大吟醸 宵の月

住所 ● 紫波郡紫波町高水寺字向畑101
電話 ● 019-672-1133
URL ● http://www.tsukinowa-iwate.com

田酒、喜久泉、善知鳥

㈱西田酒造店

明治11（1878）年の創業時から造り続ける喜久泉、日本酒の原点に戻り風格のある日本酒をと昭和45（1970）年に立ち上げた田酒。商品は特定名称酒のみで、アルコール添加は吟醸酒以上。安定した品質を心掛けている。

主なラインナップ

- 田酒 特別純米酒
- 田酒 山廃純米酒
- 喜久泉 吟冠

住所 ● 青森市大字油川字大浜46
電話 ● 017-788-0007
URL ● http://www.densyu.co.jp/

豊盃

三浦酒造㈱

昭和5（1930）年創業。杜氏も含め家族で製造から経営までをこなす小さな酒蔵ながら評価の高い蔵元。全国で唯一契約栽培する酒米「豊盃」をはじめ、使用酒米はすべて自家精米するというこだわりをもつ。

主なラインナップ

- 豊盃 大吟醸酒
- 豊盃 特別純米酒
- 豊盃 純米吟醸 豊盃米

住所 ● 弘前市石渡5－1－1
電話 ● 0172-32-1577
URL ● http://www.houhai.jp/

陸奥八仙

八戸酒造㈱

八戸の漁師町にある酒蔵。香り高く、優しく、人の心に残る酒をモットーに、酒米作りから酒造りまでの一貫造りをしている。また、酒米作りから酒造りまで一般の方が体験できる会員制「がんじゃ自然酒倶楽部」を運営。

主なラインナップ

- 陸奥八仙 赤ラベル 特別純米
- 陸奥八仙 いさり火 特別純米
- 陸奥八仙 ピンクラベル 吟醸

住所 ● 八戸市大字湊町字本町9
電話 ● 0178-33-1171
URL ● http://www.mutsu8000.com/

南部美人　純米大吟醸　　南部美人　純米吟醸　　南部美人　特別純米酒

← 岩手県の酒蔵で生産された日本酒

日高見

㈱平孝酒造

廃業寸前の蔵が5代目社長の奮起で再興。その立役者が全国レベルで通用する酒を目指して造られた日高見。名漁港石巻ならではの魚に合う酒として、うま味を引き立てる酸がいいアクセントとなっている。

主なラインナップ

- 日高見 純米
- 日高見 純米大吟醸 ブルーボトル
- 日高見 本醸造 辛口

住所 ● 石巻市清水町1－5－3

電話 ● 0225-22-0161

乾坤一

㈲大沼酒造店

蔵王山麓「みちのくの小京都」と呼ばれる歴史ある町に正徳2（1712）年創業。宮城の米ササニシキを中心とした酒造りで、米の特徴を活かしたうま味を感じながらも、スッキリとキレのある味わいが特徴。

主なラインナップ

- 乾坤一 特別純米辛口
- 乾坤一 超辛口純米吟醸原酒
- 乾坤一 冬華 純米吟醸原酒

住所 ● 柴田郡村田町字町56－1

電話 ● 0224-83-2025

浦霞

㈱佐浦

南部杜氏の伝統と技を受け継ぎ、酒造好適米を使用した最高品質の酒造りを目指す。同時に地元米と自家培養酵母を使用した地域性をもった酒造りにもこだわり、バランスのとれた品格のある味わいの酒を追求している。

主なラインナップ

- 純米吟醸 浦霞 禅
- 蔵の華 芳醇辛口純米 浦霞
- 大吟醸 浦霞

住所 ● 塩竈市本町2－19

電話 ● 022-362-4165

URL ● http://www.urakasumi.com/

蒼天伝、陸前男前、伏見男山

㈱男山本店

気仙沼の恵まれた自然環境と素晴らしい地元の風土のもと、南部杜氏に受け継がれた伝統ある技術と繊細な味わいを守り、人と人とのつながりを大切にした酒造りを行なっている。

主なラインナップ

- 蒼天伝 蔵の華 純米酒
- 陸前男山 特別純米酒
- 陸前男山 吟醸酒

住所 ● 気仙沼市入沢3－8

電話 ● 0226-24-8088

URL ● http://www.kesennuma.co.jp/

墨廼江

墨廼江酒造㈱

弘化2（1845）年、海産物や穀物を扱う問屋だった初代が創業。商品の約8割を特定名称酒が占めており、酒米ごとに商品化された純米吟醸酒シリーズが注目されている。現在の6代目当主が杜氏を務める。

主なラインナップ

- 墨廼江 純米吟醸 山田錦
- 墨廼江 純米吟醸 八反錦
- 墨廼江 純米吟醸 雄町

住所 ● 石巻市千石町8－43

電話 ● 0225-96-6288

勝山

勝山酒造㈱

透明感あるうま味が特徴の「勝山」は元禄元（1688）年創業の仙台伊達家御用蔵。食中酒としての日本酒を追求してきたパイオニアとして、さまざまな食のシーンに合う酒や、日本酒の固定概念を覆すような次世代酒を醸す。

主なラインナップ

- 勝山 遠心搾り 純米大吟醸 暁
- 勝山 濃蜜薫酒 純米大吟醸 元
- 勝山 粋美旨口 純米吟醸 献

住所 ● 仙台市泉区福岡字二又25－1

電話 ● 022-348-2611

URL ● http://www.katsu-yama.com/

鳳陽

㈾内ヶ崎酒造店

寛文元（1661）年創業の宮城県最古の蔵元。山田錦や、宮城県産のササニシキ、トヨニシキ、美山錦などから造られる鳳陽は、南部杜氏が自然の寒さを利用した手造りの技によるこだわりの高級酒。

主なラインナップ

- 鳳陽 大吟醸（桐箱入）
- 大吟醸 鳳陽 山田錦
- 純米大吟醸 鳳陽

住所 ● 黒川郡富谷町富谷字町27

電話 ● 022-358-2026

URL ● http://www.uchigasaki.com

萩の鶴

萩野酒造㈱

岩手県の県境に近い場所で、よい米とよい水を活かした酒造りを行なう。蔵の中心銘柄、萩の鶴は、きれいでスッキリとした飲み飽きない酒質を目指し、上品な和食や、新鮮な海の幸などとの相性を考えて造られている。

主なラインナップ

- 萩の鶴 大吟醸
- 萩の鶴 極上純米酒
- 萩の鶴 手造り純米酒

住所 ● 栗原市金成有壁新町52

電話 ● 0228-44-2214

URL ● http://www.hagino-shuzou.co.jp/

金の井

金の井酒造㈱

「料理と響き合う銘酒」を掲げ、食中酒にふさわしい酒造り。中でも幸之助院殿は、漢方飼料で育てた新生漢方牛の堆肥を使って栽培したひとめぼれを使い、肉はもちろん、どんな料理とも相性のよいやわらかい味わい。

主なラインナップ

- 綿屋 特別純米酒 幸之助院殿
- 綿屋 純米大吟醸 山田錦（黒澤米）
- 綿屋 特別純米酒 美山錦

住所 ● 栗原市一迫川口字町浦1－1

電話 ● 0228-54-2115

宮城県の酒蔵で生産された日本酒

元 ルビーラベル　　ダイヤモンド 鶺　　鶺 サファイヤラベル

日本酒主要銘柄リスト

山形県

Brand List
in
Yamagata

銀嶺月山《ぎんれいがっさん》

月山酒造㈱

出羽三山の主峰月山の麓にあり、地域農家と協力し合って蔵人も酒米作りに取り組んでいる。仕込み水には「月山の自然水」（日本名水百選）を使用。上品でふくよかな味わい。国内外の市販酒コンテストで受賞歴多数。

主なラインナップ

- 銀嶺月山 純米大吟醸（限定醸造）
- 銀嶺月山 純米原酒　（限定流通品）
- 銀嶺月山 純米

住所 ● 寒河江市大字谷沢769－1

電話 ● 0237-87-1114

鯉川

鯉川酒造㈱

1980年代初頭、幻の傑作品種、亀の尾を復活させて脚光を浴びた蔵。地元の米と酒蔵の地下水、地元の杜氏により最高級の地酒を醸すことをモットーにしている。代表銘柄「鯉川」では亀の尾による純米大吟醸も造る。

主なラインナップ

- 純米吟醸 鯉川 DEWA33
- 純米大吟醸 生原酒 阿部亀冶
- 純米 鯉川

住所 ● 東田川郡庄内町余目字興野42

電話 ● 0234-43-2005

日本酒主要銘柄リスト

秋田県

Brand List
in
Akita

飛良泉

㈱飛良泉本舗

京都に銀閣寺が建立された文明19（1487）年創業。以来500有余年、26代にわたり酒造りを続ける県内最古の酒蔵。「はでな桜の花よりも地味ながらふくらみのある梅の花のような酒を造りたい」を信条に頑なに山廃にこだわる。

主なラインナップ

- 飛良泉 山廃純米酒
- 飛良泉 純米吟醸酒
- 飛良泉 大吟醸 室町蔵

住所 ● にかほ市平沢中町59

電話 ● 0184-35-2031

URL ● http://www.hiraizumi.co.jp/

雪の芽舎、由利正宗

㈱齋彌酒造店

蔵人の育てた酒米を主原料に、蔵内の湧水を仕込み水として、自社培養酵母による「加水なし・濾過なし・櫂入れなし」の三無い醸造を実践。平成後、全国新酒鑑評会金賞15回。国内醸造業界初のオーガニック認定。

主なラインナップ

- 雪の芽舎 秘伝山廃
- 雪の芽舎 純米吟醸
- 雪の芽舎 山廃純米

住所 ● 由利本荘市石脇字石脇53

電話 ● 0184-22-0536

URL ● http://yukinobousha.jp/

新政

新政酒造㈱

きょうかい酵母6号を生んだ酒蔵としても有名な新政。県内産のみの原料を使い、平成24（2012）年からは純米酒のみを製造。また酒母は生酛、山廃、白麹に限定し、醸造用乳酸の無添加を達成。ラインナップも非常に豊富。

主なラインナップ

- 新政 特別純米酒 六號
- 新政 純米大吟醸 佐藤卯兵衛
- 新政 貴醸酒 茜孔雀

住所 ● 秋田市大町6－2－35

電話 ● 018-823-6407

URL ● http://www.aramasa.jp/

田从-たびと-、月下の舞、朝乃舞

舞鶴酒造㈱

創業当時蔵元の傍の琵琶沼に毎朝鶴が飛来し天空を舞ったことに因み、酒名を「朝乃舞」とした。現在は平成13（2001）年より全量純米蔵となり昔ながらの伝統を大切に継承し、こだわりの純米酒「田从」を醸している。

主なラインナップ

- 純米酒 田从
- 純米吟醸 月下の舞
- 山廃仕込 純米酒 田从

住所 ● 横手市平鹿町浅舞字浅舞184

電話 ● 0182-24-1128

鯉川
純米大吟醸

山形県の
酒蔵で
生産された
日本酒

新政 佐藤卯兵衛
純米大吟醸
なかどり

新政 六號
特別純米酒

秋田県の
酒蔵で
生産された
日本酒

日本酒主要銘柄リスト

福島県

Brand List
in
Fukushima

東光

㈱小嶋総本店

創業400年を超える米沢藩上杉家御用酒屋。心安らぐ酒を目指し、上質でありながらも食事と相性のよい酒造りを行なう。近年、国内外のコンテストで高い評価を受けるとともに、海外輸出も行なっている。

主なラインナップ

- 東光 大吟醸 袋吊り壜囲い
- 東光 純米大吟醸 袋吊り壜囲い
- 東光 純米吟醸DEWA33

住所 ● 米沢市本町2－2－3　東町上通り

電話 ● 0238-23-4848

URL ● http://www.sake-toko.co.jp

上喜元

酒田酒造㈱

毎年30種類の酒米を駆使し、全工程一貫して、昔ながらの手造りによる酒造りを行なっている。上質で、人々の喜びを誘う日本酒を飲んでもらえることを、蔵人一同が心をひとつに目指している。

主なラインナップ

- 上喜元 限定大吟醸
- 上喜元 純米大吟醸 出羽燦々
- 上喜元 純米 出羽の里

住所 ● 酒田市日吉町2－3－25

電話 ● 0234-22-1541

榮川

榮川酒造㈱

明治時代に会津若松市内で創業し、磐梯山西麓の日本名水百選に指定された湧水群の一角に醸造部門を移転したのが平成元（1990）年。調和のとれた芳醇さ、やわらかさ、のどごしのよさはこの名水から生まれる。

主なラインナップ

- 榮川 特醸酒 普通酒
- 榮川 榮四郎 大吟醸酒
- 榮川 純米吟醸酒

住所 ● 耶麻郡磐梯町大字更科字中曽根平6841－11

電話 ● 0242-73-2300

URL ● http://www.eisen.jp/

白露垂珠

竹の露㈾

原料米にこだわり蔵自ら栽培にもたずさわる。白露垂珠には地元羽黒産の出羽燦々、改良信交、美山錦や山形オリジナルの純米用米の出羽の里などを使用。恵まれた自然風土を活かし、豊潤淡麗型の醸造を行なう。

主なラインナップ

- 氷温熟成酒 純米大吟醸 白露垂珠 改良信交40
- 大吟醸 白露垂珠 出羽燦々39
- 純米吟醸 白露垂珠 美山錦55

住所 ● 鶴岡市羽黒町猪俣新田字田屋前133

電話 ● 0235-62-2209

URL ● http://www.takenotsuyu.com/

楯野川

楯の川酒造㈱

ひたむきによい酒を造るという想いで、22BYより全量純米大吟醸蔵になり、伝統を守りつつ、新しさも創造していく蔵を目指している。地元契約栽培農家の米で醸されたお酒も多く造る。

主なラインナップ

- 純米大吟醸 清流
- 純米大吟醸 中取り 美山錦
- 純米大吟醸 本流 辛口

住所 ● 酒田市山楯字清水田27

電話 ● 0234-52-2323

URL ● http://www.tatenokawa.jp/sake/

金寶

㈲仁井田本家

100％自然米、天然水、純米の酒造りを実践。その象徴、自然酒は、農薬・化学肥料を一切使わず栽培した自然米と阿武隈山系の伏流水を使いじっくりと熟成させた純米酒。米本来のうま味とコクによるふくよかな味わいをもつ。

主なラインナップ

- 自然酒 山廃純米吟醸
- 穏 純米大吟醸
- 田村 特別純米酒

住所 ● 郡山市田村町金沢字高屋敷139

電話 ● 024-955-2222

URL ● http://www.kinpou.co.jp/

初孫

東北銘醸㈱

明治時代の創業以来一貫して、伝統技法・生酛造りによる酒造りを続けている。生酛純米酒はもとよりどの酒にも、飲み飽きない奥深い味わいとスッキリとした後口という、「初孫」の生酛ならではの特徴が表れる。

主なラインナップ

- 初孫 魔斬 純米本辛口
- 初孫 祥瑞 純米大吟醸酒
- 初孫 生酛 純米酒

住所 ● 酒田市十里塚字村東山125－3

電話 ● 0234-31-1515

URL ● http://www.hatsumago.co.jp/

出羽桜

出羽桜酒造㈱

品質を第一とし、一切の妥協を排し、地元の蔵人の完全手造りで酒を醸している。その頑ななまでの品質志向は、国内外で多数の賞を受賞。「吟醸を世界の言葉に」を合言葉にチャレンジを続けている。

主なラインナップ

- 出羽桜 桜花吟醸酒
- 出羽桜 純米吟醸 出羽燦々誕生記念
- 出羽桜 純米大吟醸 一路

住所 ● 天童市一日町1－4－6

電話 ● 023-653-5121

URL ● http://www.dewazakura.co.jp/

白露垂珠
無濾過純米
京の華

白露垂珠
無濾過純米
ミラクル77

はくろすいしゅ
純吟原酒
改良信交

はくろすいしゅ
純吟原酒
出羽の里

← 山形県の酒蔵で生産された日本酒

夢心、奈良萬

夢心酒造㈱

「つねに異なり、つねに変わらない酒」がコンセプト。米は会津産の酒米を使い、酵母は福島県が開発したうつくしま夢酵母を使用。喜多方の蔵元にしかできない本物の喜多方の地酒を目指している。

主なラインナップ

- 純米酒 夢心
- 純米大吟醸 夢心
- 純米酒 奈良萬

住所 ● 喜多方市北町2932

電話 ● 0241-22-1266

URL ● http://www.yumegokoro.com/

大七、皆伝、箕輪門

大七酒造㈱

正統的醸造法、生酛造りで高い評価を得る蔵。独自の超扁平精米技術により、雑味の元を徹底除去することに成功。各種コンクールでも第1位を獲得し、国際的にも注目を集めている。

主なラインナップ

- 大七 純米生酛
- 生酛純米吟醸 大七 皆伝
- 生酛純米大吟醸 大七 箕輪門

住所 ● 二本松市竹田1－66

電話 ● 0243-23-0007

URL ● http://www.daishichi.com/

奥の松

奥の松酒造㈱

創業享保元（1716）年。福島県二本松市を見おろす安達太良山の麓、清冽な伏流水と良質な米を原料に、伝統の技と最新技術の融合による最良の酒造りを目指し、独自の味わいや特徴のある日本酒を提案している。

主なラインナップ

- 奥の松 大吟醸雫酒 十八代伊兵衛
- 奥の松 純米大吟醸
- 奥の松 特別純米

住所 ● 二本松市長命69

電話 ● 0243-22-2153

URL ● http://www.okunomatsu.co.jp

日本酒主要銘柄リスト

茨城県

Brand List in Ibaraki

人気一

人気酒造㈱

ミネラル成分をバランスよく含んだ安達太良山の伏流水と地元産の米を使って造られる人気一は、東北の自然環境を活かし、寒造りによる吟醸酒のみ。酒造りは伝統にこだわるが、パッケージデザインはモダンにこだわる。

主なラインナップ

- 人気一 大吟醸酒
- ゴールド人気 純米大吟醸酒
- 黒人気 純米吟醸酒

住所 ● 二本松市山田470

電話 ● 0243-23-2091

URL ● http://www.ninki.co.jp/

きたのはな

㈾喜多の華酒造場

大正8（1919）年創業。300石の小さな手造り蔵。蔵元杜氏が体育会系の根性を込め、飲んだ人がニッコリする酒を造る。近年は、酒造りに蔵元の娘さんも参加。ふたりで醸される新たな味わいが楽しみ。

主なラインナップ

- 特別純米無ロ過原酒 星自慢
- 辛口純米 蔵太鼓＋10
- 純米吟醸 蔵太鼓

住所 ● 喜多方市前田4929

電話 ● 0241-22-0268

菊盛

木内酒造㈾

豊饒の大地で育まれた米、清らかな水。そして酒造りへの熱い思いが加わり、豊かな味わいを醸し出す。酒のラインナップも豊富ながら、ビールやワインの醸造、また蒸留工房の設置と、幅広く酒類製造に取り組んでいる。

主なラインナップ

- 菊盛 純米酒
- 菊盛 純米吟醸にごり酒 春一輪
- 菊盛 大吟醸

住所 ● 那珂市鴻巣1257

電話 ● 029-298-0105

URL ● http://www.kodawari.cc/

飛露喜

㈾廣木酒造本店

兵庫産山田錦と地元産五百万石を主要原料米とし、雪国会津の風土を活かした酒造り。蔵元自らが杜氏として仕込む酒は華やかさと奥ゆかしさを併せもち、食中酒としてどのような料理とも調和する酒を目指す。

主なラインナップ

- 特撰 純米大吟醸 飛露喜
- 純米吟醸 飛露喜
- 吟醸 飛露喜

住所 ● 河沼郡会津坂下町字市中二番甲3574

電話 ● 0242-83-2104

寫楽、宮泉

宮泉銘醸㈱

昭和29（1954）年に会津の老舗、花春酒造から分家創業。代表銘柄「宮泉」をはじめとした酒造りには会津磐梯山からの伏流水、減農薬の会津産酒米を使用。深い味わいとコクを備えた酒造りで会津の酒のうまさを伝える。

主なラインナップ

- 寫楽 純米吟醸
- 會津宮泉 大吟醸
- 會津宮泉 純米大吟醸

住所 ● 会津若松市東栄町8－7

電話 ● 0242-27-0031

URL ● http://www.miyaizumi.co.jp/

日本酒主要銘柄リスト
栃木県
Brand List in Tochigi

桜川
㈱辻善兵衛商店

創業宝暦4（1754）年。現在は南部杜氏に代わり、地元の若手醸造家たちが伝統を守りながらも最新技術を取り入れた酒造りを行なう。手間のかかる袋吊りで搾られ、香り高く豊かな味わいの花の舞は、各種鑑評会で高評価。

主なラインナップ
- 花つくし 大吟醸酒
- 花の舞 大吟醸酒 袋吊り 斗瓶囲い
- 辛口「桜川」寒造り 普通酒

住所 ● 真岡市田町1041－1
電話 ● 0285-82-2059
URL ● http://www.nextftp.com/dotcom/sakuragawa/index.html

東力士
㈱島崎酒造

蔵元保有の洞窟貯蔵庫の低温下瓶貯蔵にて独自の味わい作りを行なう。昭和45（1970）年から大吟醸の熟成への取り組みをスタートし、現在まですべての年の大吟醸を保有。日本酒の古酒にも古くから力を入れている。

主なラインナップ
- 大吟醸 秘蔵 古酒
- 山廃純米 熟露枯
- 純米吟醸 極一滴零酒

住所 ● 那須烏山市中央1－11－18
電話 ● 0287-83-1221
URL ● http://www.azumarikishi.co.jp

郷乃誉
須藤本家㈱

昭和48（1973）年、日本で初めて完全な生酒を無濾過でリリース。また純米吟醸酒と純米大吟醸酒に特化したのも日本初。受賞歴多数でパーカー・ポイントでは91点。世界のソムリエ、シェフからも高い評価を得ている。

主なラインナップ
- 純米吟醸酒 郷乃誉 無濾過
- 純米大吟醸酒 山桜桃生々無濾過
- 生酛純米吟醸酒 郷乃誉 無濾過

住所 ● 笠間市小原2125
電話 ● 0296-77-0152
URL ● http://www.sudohonke.co.jp/

仙禽
㈱せんきん

現代の食文化に合わせ、酸味と甘みを強調。近年ではワイン酵母を使用した日本酒や、ワインの発酵学よりヒントを得て、アルコール度数15%の原酒（クラシックシリーズ）を発表。原料米はワイナリー同様、ドメーヌ化進行中。

主なラインナップ
- 仙禽 50
- 仙禽 亀ノ尾50
- クラシック仙禽 雄町50

住所 ● さくら市馬場106
電話 ● 028-681-0011

大那
菊の里酒造㈱

大いなる那須の大地が育んだ豊穣なバックグラウンド、米、水、土、人、技術、地域性を大切にしながら、それを日本酒という形で伝えられたらという思いで、日々酒造りを行なっている。

主なラインナップ
- 大那 中取り 大吟醸
- 大那 純米吟醸
- 大那 特別純米

住所 ● 大田原市片府田302－2
電話 ● 0287-98-3477

筑波
石岡酒造㈱

筑波山系の水と山麓の良質米を産する地で江戸時代から続く数軒の蔵元が、昭和47（1972）年共同で設立した蔵。高級酒専用ブランドの筑波は、フラッグシップの大吟醸「紫の峰」をはじめ、どれもバランスを重視した造り。

主なラインナップ
- 筑波 紫の峰 大吟醸酒
- 筑波 天平の峰 大吟醸酒
- 筑波 豊穣の峰 純米大吟醸酒

住所 ● 石岡市東大橋2972
電話 ● 0299-26-3331
URL ● http://www.ishiokashuzo.co.jp/

惣誉
惣誉酒造㈱

創業明治5（1872）年。兵庫県特A地区の山田錦を100%使用した、生酛造りに力を入れている。伝統的な生酛に現代性を取り入れ、エレガントで、時とともに成長する酒をめざしている。

主なラインナップ
- 惣誉 生酛仕込 特別純米
- 惣誉 生酛仕込 純米吟醸
- 惣誉 生酛仕込 純米大吟醸

住所 ● 芳賀郡市貝町大字上根539
電話 ● 0258-68-1141
URL ● http://www.sohomare.co.jp

旭興
渡辺酒造㈱

3県にまたがる八溝山から流れ出る武茂川の伏流水と、良質の地元産米で醸す旭興。「基本に忠実、当たり前のことをする」をポリシーに、食事とともに楽しめ、すっと飲めて日常に溶け込む酒造りを行なっている。

主なラインナップ
- 旭興 大吟醸
- 旭興 本醸造
- 旭興 特別本醸造 生

住所 ● 大田原市須佐木797－1
電話 ● 0287-57-0107

日本酒主要銘柄リスト

埼玉県

Brand List
in
Saitama

菊泉

滝澤酒造㈱

料理を引き立てる名脇役のような酒を目指し、丁寧な酒造りをしている。普通酒から大吟醸酒に至るまで、箱麹法という伝統的な製法による、キレのよさが特徴。

主なラインナップ

- 大吟醸升田屋
- 純米吟醸青淵郷
- 菊泉 彩のあわ雪

住所 ● 深谷市田所町9－20
電話 ● 048-571-0267
URL ● http://homepage3.nifty.com/kikuizumi/

神亀、ひこ孫

神亀酒造㈱

蔵元自ら、燗酒で楽しむことを勧める酒造り。純米大吟醸なら40度弱、「ひこ孫」純米は50度、「神亀」純米は60度強の熱々がおいしく飲める温度帯とか。

主なラインナップ

- ひこ孫 純米大吟醸
- ひこ孫 純米
- 神亀 純米

住所 ● 蓮田市馬込3－74
電話 ● 048-768-0115

日本酒主要銘柄リスト

群馬県

Brand List
in
Gunma

群馬泉

島岡酒造㈱

蔵付の天然乳酸菌と自然の力を巧みに利用した生酛系山廃造り。もともと伏流水に恵まれた土地柄、赤城山系の清冽な湧き水と、地元の酒造好適米・若水で仕込み、つやのある深い味わい、力強さと爽快な酸味が特徴。

主なラインナップ

- 群馬泉 大吟醸
- 群馬泉 純米吟醸
- 群馬泉 超特選純米

住所 ● 太田市由良町375－2
電話 ● 0276-31-2432

船尾瀧

柴崎酒造㈱

特別純米酒は五百万石を使用し、米のうま味を残しつつ、しっかりとした中にもキレのよいスッキリとしたタイプ。特別本醸造は、美山錦を使用し毎日飲んでも飲み飽きしない後味のよい食中酒向きに造られている

主なラインナップ

- 船尾瀧 特別純米酒
- 船尾瀧 特別本醸造
- 船尾瀧 本醸造辛口

住所 ● 北群馬郡吉岡町大字下野田649－1
電話 ● 0279-55-1141

天鷹

天鷹酒造㈱

大正3（1914）年創業。那珂川、箒川に挟まれた那須の田園地帯にあり、「辛口でなければ酒ではない」との創業者の言葉を守り、辛口酒のみを造り続ける。有機清酒の製造に取り組み、「おいしい、安心、楽しい」を追求する。

主なラインナップ

- 純米大吟醸 天鷹吟翔
- 大吟醸 天鷹三割五分磨
- 大吟醸 天鷹ふるさとの絆

住所 ● 大田原市蛭畑2166
電話 ● 0287-98-2107
URL ● http://www.tentaka.co.jp

鳳凰美田

小林酒造㈱

酒質はマスカットを基調とした吟醸香を特徴とし、米からの甘みを伴った、シックだがメリハリのあるシルエット。質感のよさでボディを形成しており、吟醸香を特徴とする日本酒だが食中としての存在意義を求めている。

主なラインナップ

- 鳳凰美田 芳 純米吟醸酒
- 鳳凰美田 Phoenix 純米吟醸酒
- 鳳凰美田 Wine Cell 純米吟醸酒

住所 ● 小山市大字卒島743－1
電話 ● 0285-37-0005

松の壽

㈱松井酒造店

地元の酒造りを支えていた越後や南部杜氏の高齢化を受け、県の酒造組合が育成を始めた地元杜氏、下野杜氏。その初代でもある若き社長が、蔵元杜氏として醸す「松の壽」は、超軟水の湧水で仕込みやわらかさが特徴。

主なラインナップ

- 松の壽 五百万石 純米吟醸酒
- 松の壽 山田錦 大吟醸酒
- 松の壽 五百万石 吟醸酒

住所 ● 塩谷郡塩谷町大字船生3683
電話 ● 0287-47-0008
URL ● http://www.matsunokotobuki.jp/

日本酒主要銘柄リスト

千葉県

Brand List in Chiba

腰古井

吉野酒造㈱

創業天保年間。手付かずの自然が残る一帯は腰越台地と呼ばれ、水に関係のある「古井」に置き換えて「腰古井」と命名。「良い環境が良い酒を造る」と、恵まれた自然環境と南部杜氏の手造りで、言葉を越えた酒を目指す。

主なラインナップ

- 腰古井 吟醸辛口
- 腰古井 推奨
- 腰古井 純米大吟醸仕込梅酒

住所 ● 勝浦市植野571

電話 ● 0470-76-0215

URL ● http://koshigoi.com/

天覧山

五十嵐酒造㈱

奥秩父からの伏流水を使い、飯能の独自の風土で育んだ酒。「天覧山 喜八郎」は蔵元の理想の酒。果実香を感じ、なめらかで喉ごしのよさが特徴。

主なラインナップ

- 天覧山 純米吟醸 喜八郎
- 天覧山 純米酒
- 天覧山 本醸造生酒

住所 ● 飯能市川寺667－1

電話 ● 050-3785-5680

URL ● http://www.snw.co.jp/~iga_s/

東魁盛

小泉酒造㈾

創業寛政5（1793）年。酒造りは米作りからをモットーに、手作業の丁寧な仕事が消費者に喜ばれる豊富なラインナップを揃える。代表銘柄の「大吟醸 東魁盛」は、各種鑑評会で高い評価を得ている。

主なラインナップ

- 大吟醸 東魁盛
- 純米大吟醸 紫紺
- 東魁原酒 八犬伝

住所 ● 富津市上後423－1

電話 ● 0439-68-0100

URL ● http://www.sommelier.co.jp/

木戸泉

木戸泉酒造㈱

従来の乳酸添加による速醸酒母と違い、天然の生の乳酸菌を用いて高温で酒母を仕込む高温山廃酒母を使った酒造り。昭和31（1956）年から調味薬品類を使用せず、自然醸造による「旨き良き酒」を醸している。

主なラインナップ

- 長期熟成純米酒 古今
- 自然舞 純米酒
- 木戸泉 純米醍醐

住所 ● いずみ市大原7635－1

電話 ● 0470-62-0013

URL ● http://kidoizumi.jpn.com/

日本橋、浮城、のぼうの城

横田酒造㈱

文化2（1805）年創業。近江商人三方よしの精神で、厳選された原料米100%自家精米、南部杜氏3代42年の技と経験、社員の協力のもと「歴史と風土が醸し出す手造りの酒 日本橋」を造る。

主なラインナップ

- 日本橋 大吟醸 金賞受賞酒
- 日本橋 純米大吟醸
- 日本橋 本醸造

住所 ● 行田市桜町2－29－3

電話 ● 048-556-6111

URL ● http://www.yokota-shuzou.co.jp/

甲子正宗

㈱飯沼本家

創業は江戸元禄年間。以来300有余年にわたり酒々井の地で酒造りに打ち込んできた銘酒。伝統の技と、近代の技術を融合させた酒造りを目指している。

主なラインナップ

- 大吟醸 きのえね
- 甲子 純米吟醸酒
- 甲子 純米酒

住所 ● 印旛郡酒々井町馬橋106

電話 ● 043-496-1111

URL ● http://www.iinumahonke.co.jp/

相模灘

久保田酒造㈱

米のうま味を活かしたバランスのよい食中酒を目指して造られている相模灘。特別純米や特別本醸造も含め、すべて吟醸造りがベースながら、吟醸香は穏やかに香る程度に抑えることで、米のうま味と透明感がうまく共存。

主なラインナップ

- 相模灘 純米大吟醸
- 相模灘 純米吟醸 山田錦
- 相模灘 特別純米

住所 ● 相模原市緑区根小屋702

電話 ● 042-784-0045

URL ● http://www.tsukui.ne.jp/kubota/

多満自慢

石川酒造㈱

文久3（1863）年創業。明治13（1880）年に現在の福生市鮎川に本蔵を建て、今年で150周年。明治時代に「日本麦酒」の銘柄でビール製造にも着手、平成10年に「多摩の恵」の名で復活。敷地内にはレストランも併設。

主なラインナップ

- たまの慶 純米大吟醸
- たまの八重桜 純米酒
- 上撰 本醸造

住所 ● 福生市熊川1

電話 ● 042-553-0100

URL ● http://www.tamajiman.co.jp/

日本酒主要銘柄リスト

東京都

Brand List in Tokyo

丹沢山

㈾川西屋酒造店

料理に映える酒、燗にしておいしい酒を目指し、常温から熱燗まで楽しめる酒を造る。丹沢山は貯蔵用タンクでゆっくり熟成させてから出荷している。

主なラインナップ

- 丹沢山 吟造り純米
- 秀峰 丹沢山 純米酒（徳島山田錦70%）
- 麗峰 丹沢山 純米酒（徳島山田錦60%）

住所 ● 足柄上郡山北町山北250

電話 ● 0465-75-0009

日本酒主要銘柄リスト

神奈川県

Brand List in Kanagawa

丸眞正宗

小山酒造㈱

東京23区内で唯一残る酒蔵。明治初期に初代が酒造りに適した湧水を見つけた地で、現在も蔵の地下から秩父山系・浦和水脈の伏流水を汲み上げ仕込水に使用。丸眞正宗はどの酒も淡麗辛口とのどごしのよさが信条。

主なラインナップ

- 丸眞正宗 大吟醸酒
- 丸眞正宗 純米大吟醸酒
- 丸眞正宗 吟醸辛口 吟醸酒

住所 ● 北区岩淵町26－10

電話 ● 03-3902-3451

URL ● http://www.koyamashuzo.co.jp/

天青

熊澤酒造㈱

明治初頭に創業で湘南に残る最後の蔵元。天青の最上級品で兵庫県産山田錦を使った斗瓶取りの純米大吟醸「雨過」をはじめとする商品は、蔵のポリシーである「突き抜けるようなすずやかさと潤いに満ちた味わい」を体現。

主なラインナップ

- 雨過 天青 純米大吟醸酒 斗瓶取り
- 千峰 天青 純米吟醸酒
- 吟望 天青 純米酒

住所 ● 茅ケ崎市香川7－10－7

電話 ● 0467-52-6118

URL ● http://www.kumazawa.jp/

いづみ橋

泉橋酒造㈱

「酒造りは米作りから」の信念のもと、全国でも珍しい「栽培醸造蔵」として、海老名市はじめ近隣地区での酒米栽培から、精米・醸造まで一貫して行なっている。

主なラインナップ

- いづみ橋 恵
- いづみ橋 とんぼラベル

住所 ● 海老名市下今泉5－5－1

電話 ● 046-231-1338

URL ● http://izumibashi.com/

澤乃井

小澤酒造㈱

創業元禄15（1702）年。300年にわたり奥多摩の地酒として親しまれてきた澤乃井。所在地の沢井は清涼で豊かな水が流れることからそう呼ばれた名水郷。今も昔も奥多摩の自然の中で造られている。

主なラインナップ

- 澤乃井 大吟醸
- 澤乃井 純米吟醸 蒼天
- 澤乃井 純米大辛口

住所 ● 青梅市沢井2－770

電話 ● 0428-78-8215

URL ● http://www.sawanoi-sake.com/

日本酒主要銘柄リスト

新潟県

Brand List in Niigata

越乃寒梅

石本酒造㈱

厳選した原料米を丁寧に磨き、普通酒から大吟醸酒まで一貫して吟醸造りの技術が投入されている。香りは控え目、辛口でスッキリした中に米のうま味が凝縮。料理とともに楽しめ、飲み飽きしない酒。

主なラインナップ

- 越乃寒梅 超特撰 大吟醸酒
- 越乃寒梅 金無垢 純米大吟醸酒
- 越乃寒梅 別撰 特別本醸造酒

住所 ● 新潟市江南区北山847－1

電話 ● 025-276-2028

鶴齢

青木酒造㈱

地元魚沼の生活文化に合う酒を追求するこの蔵では、地元の料理や生活習慣上、塩分は不可欠との考えから、淡麗辛口が主流とされる新潟の酒と一線を画した、米本来のうま味を引き出した芳醇で旨口の酒「鶴齢」を造る。

主なラインナップ

- 鶴齢 純米大吟醸
- 牧之 大吟醸
- 雪男 純米酒

住所 ● 南魚沼市塩沢1214

電話 ● 0257-82-0023

URL ● http://www.kakurei.co.jp/

越の誉

原酒造㈱

文化11（1814）年創業、200年を迎える酒蔵。柏崎の軟水を活かした上品でふくらみのある味が特徴。原料米は吟味した新潟県産米を使用。全量自家精米。「郷土の誉れとなるような、魂を込めた幸せを呼ぶ酒造り」が信条。

主なラインナップ

- 越の誉 秘蔵酒 もろはく（純米大吟醸酒）
- 越の誉 大吟醸
- 越の誉 発泡性純米酒 あわっしゅ

住所 ● 柏崎市新橋5－12

電話 ● 0257-23-6221

URL ● http://www.harashuzou.com

清泉

久須美酒造㈱

漫画『夏子の酒』ゆかりの酒蔵。邸内に湧き出る清らかな自然水は新潟県の名水指定。この豊かな大自然の恵みに感謝し、越後杜氏の匠の技で醸す「清泉」は、うら若き越後美人の肌に似たキメ細やかなやわらかい酒質。

主なラインナップ

- 純米大吟醸 亀の翁
- 特別純米酒 清泉
- 純米吟醸・生貯蔵酒 七代目

住所 ● 長岡市小島谷1537－2

電話 ● 0258-74-3101

URL ● http://www.kamenoo.jp/

朝日山、久保田

朝日酒造㈱

天保元（1830）年の創業以来、新潟の水と米と人により、品質本位の酒造りに努めてきた。辛口でキレがよく、スッキリとした後味が特徴。地元内外で人気を博し、時代を象徴するような銘柄を次々と世に送り出している。

主なラインナップ

- 朝日山 純米酒
- 久保田 萬寿
- 越乃かぎろひ 萬寿

住所 ● 長岡市朝日880－1

電話 ● 0258-92-3181

URL ● http://www.asahi-shuzo.co.jp/

〆張鶴

宮尾酒造㈱

五百万石など良質の酒造好適米を産出する米どころ村上市にある蔵。仕込み水はキメ細かな甘みをもつ軟水が用いられる。「〆張鶴」はふくよかな味わいとしっかりとしたうま味がありながら、さらりときれいな後味が魅力。

主なラインナップ

- 〆張鶴 大吟醸 金ラベル
- 〆張鶴 大吟醸 銀ラベル
- 〆張鶴 越淡麗 純米吟醸

住所 ● 村上市上片町5-15

電話 ● 0254-52-5181

URL ● http://www.shimeharitsuru.co.jp/

麒麟、ほまれ麒麟、蒲原

下越酒造㈱

明治13（1880）年の創業以来、高品位の酒造りに努めてきた。飲食事業、流通に国境がなくなりつつある昨今、平成9（1997）年から輸出開始。厳選された原料と確かな技術、蔵人の熱意で造られた「麒麟」をアピールする。

主なラインナップ

- 麒麟 秘蔵酒
- 麒麟 純米大吟醸 こしひかり
- 麒麟 大吟醸 将軍杉

住所 ● 東蒲原郡阿賀町津川3644

電話 ● 0254-92-3211

URL ● http://www.sake-kirin.com

越後鶴亀

㈱越後鶴亀

原料米の特性を引き出すための小仕込、「こうじ箱」による麹造りなど熟練の杜氏の技により、味わいが深く、伸びやかな越後鶴亀ができ上がる。新潟県産五百万石とこしいぶきによる普通酒「美撰」も小仕込で醸される。

主なラインナップ

- 越後鶴亀 美撰 普通酒
- 越後鶴亀 斗瓶囲い　大吟醸酒
- 越後鶴亀 諸白 純米 純米酒

住所 ● 新潟市西蒲区竹野町2580

電話 ● 0256-72-2039

URL ● http://www.echigotsurukame.com/

牧之（青木酒造）　雪男（青木酒造）　鶴齢 大吟醸　鶴齢 吟醸生酒　鶴齢 純米大吟醸　鶴齢 本醸造

← 新潟県の酒蔵で生産された日本酒

松乃井

㈱松乃井酒造場

明治27（1894）年創業。赤松林から湧き出ている横井戸の水を用いたことから名付けられた「松乃井」は淡麗辛口が特徴。吟醸酒には越淡麗、山田錦を、純米酒には地元の契約栽培農家によるたかね錦を用いている。

主なラインナップ

- 松乃井 純米大吟醸 英保
- 松乃井 大吟醸 しずく
- 松乃井 純米大吟醸 凌駕

住所 ● 十日町市上野甲50－1

電話 ● 025-768-2047

URL ● http://www.matsunoi.net/

花越路

村祐酒造㈱

飲む側の気持ちを考えた酒造り。口当たりのよさとやわらかさ、キレのよさが特徴だが、感じるがままに飲んでほしいと、酒質などに関するデータは公開していない。

主なラインナップ

- 花越路
- 村祐
- 高村桂

住所 ● 新潟市秋葉区舟戸1-1-1

電話 ● 0250-38-2028

雪中梅

㈱丸山酒造場

地元産酒米と里山を水源とする井戸水を原料に、昔ながらの蓋麹法・箱麹法で作る麹で酒を醸す。通年商品の普通酒と本醸造のほか、純米酒は4・10月、特別本醸造は11・12月、特別純米酒は7月、吟醸酒は11月にリリース。

主なラインナップ

- 雪中梅 普通酒
- 雪中梅 本醸造
- 雪中梅 純米酒

住所 ● 上越市三和区塔ノ輪617

電話 ● 025-532-2603

日本酒主要銘柄リスト

富山県

Brand List
in
Toyama

ふなぐち菊水一番しぼり

菊水酒造㈱

明治14（1881）年創業。日本初の缶入り生原酒「ふなぐち菊水一番しぼり」や新潟地酒の定番酒「菊水の辛口」を中心に個性豊かな酒を揃え、伝統に培われた知恵と技、そして伝統にとらわれない発想で酒造りに励む。

主なラインナップ

- ふなぐち菊水一番しぼり
- 菊水の辛口
- 無冠帝

住所 ● 新発田市島潟750

電話 ● 0254-24-5111

URL ● http://www.kikusui-sake.com/

根知男山

㈴渡辺酒造店

蔵のある根知谷産の米と水による酒造りがモットー。「根知男山」はやわらかいタッチと軽やかなのど越しの五百万石と、よりボディのある味わいながらキレ味がシャープな越淡麗の2種の酒米の特徴がよく表れている。

主なラインナップ

- 根知男山 純米吟醸
- 根知男山 純米酒
- 根知男山 越淡麗大吟醸

住所 ● 糸魚川市根小屋1197－1

電話 ● 025-558-2006

URL ● http://www.nechiotokoyama.jp/

勝駒

㈲清都酒造場

少人数で造る地元のための酒からスタートし、生活に根ざした正統派の日本酒を目指す。勝駒はやさしい香り、さらりとした飲み口、ふっくらとしたうま味で家庭料理に合う味わい。量産では出せないうまさを守り続ける。

主なラインナップ

- 勝駒 純米酒
- 勝駒 特別本醸造
- 勝駒 しぼりたて新酒

住所 ● 高岡市京町12－12

電話 ● 0766-22-0557

北雪

㈱北雪酒造

明治5(1872)年創業の蔵。佐渡の水、米、風土、人にこだわり、佐渡を愛する者にしかできない酒造りに情熱を注いでいる。LA、NY、ロンドン、ドバイなど世界のセレブを魅了するレストラン「NOBU」にオンリスト。

主なラインナップ

- 北雪 大吟醸 YK35
- 北雪 純米大吟醸 越淡麗
- 北雪 純米酒

住所 ● 佐渡市徳和2377－2

電話 ● 0259-87-3105

URL ● http://www.sake-hokusetsu.com/

八海山

八海醸造㈱

大正11（1922）年、越後三山のひとつである霊峰八海山の裾野に創業。淡麗で食中酒として飲み飽きしない高品質な清酒を目指し、大吟醸酒の造りをすべての酒造りに応用。淡麗辛口で全国に名を轟かせた酒蔵のひとつ。

主なラインナップ

- 本醸造 八海山
- 大吟醸 八海山
- 発泡にごり酒 八海山

住所 ● 南魚沼市長森1051

電話 ● 025-788-0808

URL ● http://www.hakkaisan.co.jp/

日本酒主要銘柄リスト

石川県

Brand List
in
Ishikawa

常きげん

鹿野酒造㈱

文政2（1819）年創業。能登杜氏と蔵人の手により、品質本位の酒造りを行なう。原料米の山田錦は自社栽培田で栽培。特に山廃仕込の酒が人気。白山の伏流名水である「白水の井戸」より湧出する仕込水を使用。

主なラインナップ
- 常きげん 山廃仕込純米酒
- 常きげん 純米大吟醸
- 純米大吟醸 KISS of FIRE

住所 ● 加賀市八日市町イ6
電話 ● 0761-74-1551
URL ● http://www.jokigen.co.jp/

満寿泉

㈱桝田酒造店

北海道旭川で創業後、明治36（1883）年には故郷の岩瀬に戻り、酒造りを続ける。山海の食材が豊富で舌の肥えた蔵人が造る酒だからこそ、きれいで米のうま味がわかる濃い酒を醸し出す。

主なラインナップ
- 満寿泉 純米大吟醸
- 満寿泉 プラチナ
- 満寿泉 大吟醸 寿

住所 ● 富山市東岩瀬町269
電話 ● 076-437-9916
URL ● http://www.masuizumi.co.jp/

能登末廣、伝兵衛

㈴中島酒造店

奥能登の伝統ある小さな酒蔵。能登流蔵元杜氏が丁寧に醸す酒は銘柄を問わずとして酒質・味わいともに定評がある。アイテムも多様で、中でも「花おぼろ」はかわいいピンクで癒し系の味わいと好評。

主なラインナップ
- 能登末廣
- 純米吟醸 百石酒屋のおやじの手造り
- 純米 桃色にごり酒 花おぼろ

住所 ● 輪島市鳳至町稲荷町8
電話 ● 0768-22-0018
URL ● http://www.noto-suehiro.co.jp/

加賀鶴

やちや酒造㈱

神谷内屋仁右衛門が約430年前に加賀藩祖・前田利家公専用の酒造りのため尾張から金沢に移住。寛永5（1628）年谷内屋（やちや）となり「加賀鶴」を殿様から拝受。以来、加賀藩の酒蔵として城下町・金沢で育った地酒蔵。

主なラインナップ
- 加賀鶴 特撰 大吟醸
- 加賀鶴「前田利家公」特別純米
- 加賀鶴 純米吟醸「金沢」

住所 ● 金沢市大樋町8－32
電話 ● 076-252-7077
URL ● http://www.yachiya-sake.co.jp

若鶴

若鶴酒造㈱

約150年前の創業時からの「若鶴」、最近ブランドをリニューアルした無濾過生原酒の「苗加屋」、蔵の目指すキリっとした辛口の飲み口の「玄」と3本柱の銘柄。苗加屋の特別純米「琳青」は富山産の雄山錦を使用している。

主なラインナップ
- 苗加屋 琳青 特別純米酒
- 若鶴 生粋 純米吟醸酒 無濾過
- 辛口 玄 本醸造 生貯蔵酒

住所 ● 砺波市三郎丸208
電話 ● 0763-32-3032
URL ● http://www.wakatsuru.co.jp/

宗玄

宗玄酒造㈱

江戸時代創業。四大杜氏のひとつ能登杜氏発祥の蔵ともいわれる。その伝統を受け継ぎ、代々の能登杜氏が基本に忠実な酒造りを行なう。能登産の五百万石と兵庫県産の特A地区山田錦などを使用。

主なラインナップ
- 宗玄 純米大吟醸 玄心
- 宗玄 吟醸酒 剣山
- 宗玄 能登乃国 本醸造

住所 ● 珠洲市宝立町宗玄24－22
電話 ● 0768-84-1314
URL ● http://www.sougen-shuzou.com/

菊姫

菊姫㈾

菊姫は霊峰白山の麓にあり、白山本宮の御神酒として醸されてきた。古来より全国に知られた「加賀の菊酒」の発祥地とされ、時代に惑わされることなく、米本来のうま味を活かした本物の酒造りを続けてきた。

主なラインナップ
- 菊姫 大吟醸
- 菊姫 山廃純米
- 菊姫 菊

住所 ● 白山市鶴来新町タ8
電話 ● 076-272-1234
URL ● http://www.kikuhime.co.jp/

宗玄
能登乃国
純米酒

宗玄
純米大吟醸
玄心

宗玄
大吟醸

← 石川県の酒蔵で生産された日本酒

日本酒主要銘柄リスト

福井県

Brand List in Fukui

遊穂、ほまれ

御祖酒造㈱

能登の自然と能登杜氏の技で醸す。しっかりしたうま味と、調和のとれた酸により幅広いタイプの料理が楽しめる食中酒。

主なラインナップ
- 遊穂 純米吟醸酒
- 遊穂 純米酒
- ほまれ

住所 ● 羽咋市大町イ8
電話 ● 0767-26-2320

手取川正宗

㈱吉田酒造店

「違いの判る大人の方に喜ばれる酒」「食中酒としておいしい酒」。このふたつのコンセプトに則した酒を手造りに徹し、真心込めて醸している。

主なラインナップ
- 大吟醸 吉田蔵
- 純米大吟醸 本流 手取川
- 吟醸生酒 あらばしり 手取川

住所 ● 白山市安吉町41
電話 ● 076-276-3311
URL ● http://www.tedorigawa.com/

一本義

㈱一本義久保本店

蔵のある奥越前は五百万石の日本有数の産地であり、山田錦も栽培。これに霊峰白山の雪解け水を得て造られる一本義は、福井の豊かな食を引き立てる深い味わいと、食中酒ならではの口の中のキレ味をもつ。

主なラインナップ
- 一本義 大吟醸熟成酒 一朋
- 一本義 純米吟醸
- 伝心 雪 純米吟醸

住所 ● 勝山市沢町1－3－1
電話 ● 0779-87-2500
URL ● http://www.ippongi.co.jp/

萬歳楽

㈱小堀酒造店

日本酒で初の『地理的表示』設定を受けた「日本酒の聖地・白山」鶴来地区に位置する酒蔵。霊峰白山から流れる手取川の伏流水と、地元産酒米並びに兵庫県産特別A-A地区山田錦を原料とし、うま味のあるきれいな味わい。

主なラインナップ
- 萬歳楽 白山 大吟醸古酒
- 萬歳楽 菊のしずく 吟醸
- 萬歳楽 花伝 本醸造

住所 ● 白山市鶴来本町1－ワ47
電話 ● 076-273-1171
URL ● http://www.manzairaku.co.jp/

天狗舞

㈱車多酒造

伝統的な山廃仕込みに独自の技法を加味した天狗舞流酒造りにより、個性的かつ力のある味わいを醸す。豊かなうま味に加え熟成の鮮やかな山吹色が特徴で、その落ちついた風味は多くの料理とよい相性を示す。

主なラインナップ
- 古古酒純米大吟醸
- 山廃純米大吟醸
- 山廃仕込純米酒

住所 ● 白山市坊丸町60－1
電話 ● 076-275-1165
URL ● http://www.tengumai.co.jp/

白雲仙

安本酒造㈲

蔵の地下から汲み出す中硬水の白山水脈伏流水を仕込水に使用し、昔ながらの槽搾りを行なうことで、食中酒にふさわしい日本酒ができ上がる。白岳仙はまろやかな中にほどよい酸味があり、食が引き立つ味わい。

主なラインナップ
- 白岳仙 吟生 吟醸酒 生酒
- 白岳仙 奥越五百万石 純米吟醸酒
- 白岳仙 純米大吟醸 仙

住所 ● 福井市安原町7－4
電話 ● 0776-41-0011
URL ● http://www.yasumoto-shuzo.jp/

福正宗、黒帯、加賀鳶

㈱福光屋

寛永2（1625）年創業。昭和35（1960）年から取り組む契約栽培米と、霊峰白山より100年の時をかけて辿り着く仕込み水、進化し続ける蔵人の伝統技術で2001年に純米蔵を実現。米発酵技術を活かし化粧品や食品事業も。

主なラインナップ
- 福正宗 銀ラベル（特別純米）
- 黒帯 悠々（特別純米）
- 加賀鳶 極寒純米　辛口

住所 ● 金沢市石引2－8－3
電話 ● 076-223-1161
URL ● http://www.fukumitsuya.co.jp

伝心 凜　伝心 土　伝心 稲　伝心 雪　一本義 純米吟醸　一本義 吟醸

← 福井県の酒蔵で生産された日本酒

日本酒主要銘柄リスト

山梨県

Brand List in Yamanashi

早瀬浦

三宅彦右衛門酒造㈲

創業享保3（1718）年。自家内より湧き出る水は発酵が非常に旺盛な仕込み水となり、酒は辛口の味わい。スパッと切れる名刀のような味わいは海の幸によく合う。2013年現在、4年連続全国新酒鑑評会にて金賞受賞中。

主なラインナップ
- 早瀬浦 大吟醸
- 早瀬浦 純米吟醸酒
- 早瀬浦 純米酒

住所 ● 三方郡美浜町早瀬21－7
電話 ● 0770-32-0303

黒龍

黒龍酒造㈱

ワインに興味をもった7代目当主による長期熟成の大吟醸「龍」が、大吟醸としては全国に先駆けて昭和60（1975）年に市販化されて話題となった蔵。東条産の山田錦、福井県大野産の五百万石など上質の米を使用。

主なラインナップ
- 黒龍 石田屋（限定品）
- 黒龍 吟醸いっちょらい
- 黒龍 垂れ口（季節商品、2月発売）

住所 ● 吉田郡永平寺町松岡春日1－38
電話 ● 0776-61-6110
URL ● http://www.kokuryu.co.jp/

七賢

山梨銘醸㈱

真の地酒を極めるため酒米生産グループの農業法人を設立し、山梨県産の米を積極的に使用。仕込み水は日本有数の名水に選ばれた甲斐駒ケ岳の伏流水。七賢の純米大吟醸、純米吟醸の原料米は北杜市産の夢山水。

主なラインナップ
- 七賢 大中屋
- 七賢 美吟微吟
- 七賢 中屋伊兵衛

住所 ● 北杜市白州町台ヶ原2283
電話 ● 0551-35-2236
URL ● http://www.sake-shichiken.co.jp/

福千歳

田嶋酒造㈱

全世界で愛される「フクロウ」がラベルの顔である福千歳。通常に比べ手間と時間を必要とする山廃仕込みこそが、日本酒本来のうま味を醸し出すと信じて酒造りを行なっている。

主なラインナップ
- 福千歳 福 山廃純米大吟醸
- 福千歳 圓 山廃純米酒
- RICE WINE

住所 ● 福井市桃園1－3－10
電話 ● 0776-36-3385
URL ● http://www.fukuchitose.com/

真名鶴

真名鶴酒造㈾

常識を疑い、形式にとらわれず、無意味なこだわりを捨て、既成概念の殻を破り、時流を捉え、新たな日本酒の価値を創造する。そして、未知の海原へ漕ぎ出す。日本酒の可能性を広げる新しいスタイルを提案している。

主なラインナップ
- 氷点囲い純米酒
- 純米吟醸 奏雨-sow-
- 大吟醸 福一

住所 ● 大野市明倫町11－3
電話 ● 0779-66-2909
URL ● http://www.manaturu.com/

春鶯囀、富嶽、鷹座巣

㈱萬屋醸造店

寛政2（1790）年、「一力政宗」として創業。昭和8（1933）年に与謝野晶子が来蔵時に詠んだ和歌より「春鶯囀」と改名。酒質的には「お酒だけが主張することなく、食中酒として愉しめ飲み飽きしない酒造り」を目指す。

主なラインナップ
- 春鶯囀 純米酒
- 春鶯囀 純米吟醸「冨嶽」
- 春鶯囀 純米酒「鷹座巣」

住所 ● 南巨摩郡富士川町青柳町1202－1
電話 ● 0556-22-2103
URL ● http://www.shunnoten.co.jp

梵

㈾加藤吉平商店

蔵内平均精米歩合38%。自社酵母で純米酒のみを造る。すべての酒が氷温で1年～10年間、長期低温熟成され、本物のうまさが乗ってから出荷。昭和天皇の御大典の儀以来、日本国の重要な席で数多く採用されている蔵。

主なラインナップ
- 梵・超吟
- 梵・夢は正夢
  (Born:Dreams Come True)
- 梵・日本の翼（Born:Wing of Japan）

住所 ● 鯖江市吉江町1－11
電話 ● 0778-51-1507
URL ● http://www.born.co.jp/

花垣

㈲南部酒造場

酒造りを始めてから110有余年。「目の届く範囲を丁寧に」を理念とし、恵まれた環境の中、伝統的かつ挑戦的な酒造りを行なっている。

主なラインナップ
- 花垣 特撰大吟醸
- 花垣 超辛純米
- 花垣 純米にごり酒

住所 ● 大野市元町6－10
電話 ● 0779-65-8900
URL ● http://www.hanagaki.co.jp/

七賢 中屋伊兵衛 大吟醸

七賢 大中屋 純米大吟醸

七賢 しぼりたてなま生 本醸造生酒

七賢 純米 風凜美山

← 山梨県の酒蔵で生産された日本酒

日本酒主要銘柄リスト

長野県

Brand List in Nagano

水尾

㈱田中屋酒造店

水尾はひとごこち、しらかば錦、希少品種の地元木島平村産の金紋錦などすべて長野産の米を使用し、地元の飯山杜氏により醸される「奥信濃の地酒」。麹には、レギュラー酒までは59％精米の酒造好適米が使われている。

主なラインナップ

- 水尾 特別純米酒
- 水尾 純米大吟醸
- 水尾 辛口

住所 ● 飯山市大字飯山2227

電話 ● 0269-62-2057

URL ● http://www.mizuo.co.jp/

七笑

七笑酒造㈱

創業明治25（1892）年。信州、木曽谷の極寒の中で醸される酒は淡麗でそれでいてふくよかな味わい。単に甘辛に左右されない日本酒本来の旨口な酒、日々の中でさりげなく愛され続ける日本酒を目指す。

主なラインナップ

- 七笑 純米酒
- 七笑 辛口
- 七笑 純米吟醸

住所 ● 木曽郡木曽町福島5135

電話 ● 0264-22-2073

URL ● http://www.nanawarai.co.jp/

太冠

太冠酒造㈱

清水の地、南アルプスの蔵が生み出す「太冠」を造るのは、40代の蔵元、諏訪杜氏と若い蔵人たち。仕込みに非イオン水「πウォーター」を使った酒も造るなど、若いチームが伝統を守りながらも革新的な酒造りに挑戦している。

主なラインナップ

- 風林火山 純米吟醸酒
- 太冠 純米吟醸酒
- 太冠 特別純米酒

住所 ● 南アルプス市上宮地57

電話 ● 055-282-1116

URL ● http://www.taikan-y.co.jp/

神渡、豊香

㈱豊島屋

自然が酒蔵といわれる信州で、県内産酒蔵好適米を100％使用し、淡麗にして味のある酒質を目指している。

主なラインナップ

- 神渡
- 豊香
- 御柱

住所 ● 岡谷市本町3－9－1

電話 ● 0266-23-1123

URL ● http://jizake.miwatari.jp

真澄

宮坂醸造㈱

農家と蔵人のコンビネーションを理想に掲げる真澄。前年より少しでもよい酒を、と細部にこだわり、自分たちが、家族が、また贈った人たちが舌鼓を打ち、安心して飲める酒、贈って喜ばれる酒造りを行なっている。

主なラインナップ

- 真澄 大吟醸 夢殿
- 真澄 純米吟醸 古福金寿
- 真澄 吟醸 家伝手造り

住所 ● 諏訪市元町1－16

電話 ● 0266-52-6161

URL ● http://www.masumi.co.jp/

御湖鶴

菱友醸造㈱

菱友醸造では、味わいのコンセプトとして「透明感のある酸味」を掲げる。単一の品種での酒造りにこだわり、酒米の個性を素直に日本酒に映し出せるように酒造りをしている。

主なラインナップ

- 御湖鶴 金紋錦 純米酒
- 御湖鶴 超辛純米酒
- 御湖鶴 純米大吟醸

住所 ● 諏訪郡下諏訪町3205－17

電話 ● 0266-27-8109

黒松仙醸

㈱仙醸

桜の名所信州高遠の地酒。伊那谷の気候風土に育まれた酒米「ひとごこち」の味わいを充分に引き出すべく、自家精米から、均一な品質の麹造り、上槽、瓶詰後の温度管理など細心の注意を払い、高品質な酒造りを行なう。

主なラインナップ

- 黒松仙醸
- 黒松仙醸 こんな夜に…
- どぶろく

住所 ● 伊那市高遠町上山田2432

電話 ● 0265-94-2250

URL ● http://www.senjyo.co.jp/

臥龍梅

三和酒造㈱

貞享3（1686）年、初代市兵衛が稲荷大明神のお告げにより浅間山麓に良水を得て創業したと伝えられる。臥龍梅はさまざまな原料米の個性を活かした純米仕込みで、芳醇な香りと豊かできれいな味が特徴。

主なラインナップ

- 臥龍梅 開壜十里香 純米大吟醸 愛山
- 臥龍梅 純米大吟醸 山田錦
- 臥龍梅 純米大吟醸 備前雄町

住所 ● 静岡市清水区西久保501－10

電話 ● 054-366-0839

URL ● http://www.garyubai.com/

日本酒主要銘柄リスト

静岡県

Brand List in Shizuoka

日本酒主要銘柄リスト

岐阜県

Brand List in Gifu

喜久酔

青島酒造㈱

「酒造りは米作りから」を信念に、地元の農家とともに無農薬有機栽培を実践し（一部）、酒造りは手間暇惜しまない手造り品質管理を徹底。穏やかな品のよい香りとさわやかなうま味のある典型的な“静岡型”日本酒を造る。

主なラインナップ

- 喜久酔 純米大吟醸
- 喜久酔 純米吟醸
- 喜久酔 特別純米

住所 ● 藤枝市上青島246

電話 ● 054-641-5533

磯自慢

磯自慢酒造㈱

人と自然が織り成す日本酒は世界の食文化の中でもっとも優れた芸術品のひとつと考える蔵元。「伝統と革新の振り子運動。そして本質へ」を念頭に、飲む側の心の片隅にいつまでも残る日本酒を目指して醸している。

主なラインナップ

- 磯自慢 純米吟醸
- 磯自慢 特別本醸造

住所 ● 焼津市鰯ヶ島307

電話 ● 054-628-2204

URL ● http://www.isojiman-sake.jp/

深山菊

㈲船坂酒造店

飛騨高山「古い町並」に佇む造り酒屋。約200年の歴史を有し、その伝統の技術、高山の自然の風土良質な酒米を用いて、うまい酒を造っている。

主なラインナップ

- 大吟醸 四つ星
- 特別純米 深山菊
- 本醸造 飛騨の甚五郎

住所 ● 高山市上三之町105

電話 ● 0577-32-0016

URL ● http://www.funasaka-shuzo.co.jp/

志太泉

㈱志太泉酒造

志太泉は、南アルプス系の瀬戸川のやわらかな伏流水と厳選の酒造好適米を素材に、若い能登杜氏のチームが造っている。鮮度のよい野菜、近海の魚に合う食中酒。

主なラインナップ

- 志太泉
- にゃんかっぷ

住所 ● 藤枝市宮原423－22－1

電話 ● 054-639-0010

URL ● http://shidaizumi.com/

開運

㈱土井酒造場

能登杜氏伝統の酒造りと、きれいでキレのよい酒質。静岡酵母によるさわやかな香味、高天神城の極軟水によるやわらかさ、多くの人に飲みやすいといわれる酒質を求めている。

主なラインナップ

- 祝酒開運
- 開運大吟醸
- 特別純米

住所 ● 掛川市小貫633

電話 ● 0537-74-2006

URL ● http://kaiunsake.com/

醴泉、美濃菊

玉泉堂酒造㈱

醴泉が目指すのは、最高の食中酒、垢抜けて品格のある酒。山田錦、雄山錦を使い、自社精米、純米限定吸水、小仕込、手造りにこだわる。洗練された透明感があり、余裕と安らぎを与える味わいの酒を造っている。

主なラインナップ

- 醴泉 正宗
- 醴泉 蘭奢待
- 醴泉 純吟 山田錦

住所 ● 養老郡養老町高田800－3

電話 ● 0584-32-1155

URL ● http://minogiku.co.jp/

神杉

神杉酒造㈱

使用米のほとんどが愛知県産。神杉の特別純米酒の「しぼりたて 無濾過生原酒」、純米酒の「Nigo 2nd」に使われている若水は、地元安城市で開発された酒米。蔵は地元農家と協力しながらこの米の品質向上に取り組む。

主なラインナップ

- 神杉 特別純米しぼりたて 特別純米酒 無濾過生原酒
- 神杉 Nigo 2nd 純米酒 生酒
- 紅美酒(Cremisi) 普通酒

住所 ● 安城市明治本町20－5

電話 ● 0566-75-2121

URL ● http://www.kamisugi.co.jp/

日本酒主要銘柄リスト

愛知県

Brand List
in
Aichi

正雪

㈱神沢川酒造場

選び抜かれた原料米と伝統の技から生まれる酒は、生詰瓶燗や冷蔵貯蔵で最良の香味。清々しい香りとさわやかな味わいは盃の進む仕上がり。

主なラインナップ

- 正雪 特別本醸造
- 正雪 吟醸
- 正雪 大吟醸

住所 ● 静岡市清水区由比181

電話 ● 054-375-2033

日本酒主要銘柄リスト

三重県

Brand List
in
Mie

醸し人九平次

㈱萬乗醸造

平成14（2002）年以後は吟醸以上しか造らず、銘柄も「醸し人九平次」のみ。山田錦の適地兵庫播磨の農家で栽培した米をおもに使用し、日本酒を楽しむシーンの広がりを視野に、モダンでエレガントな新しい酒造りを行なう。

主なラインナップ

- 醸し人九平次 純米大吟醸 別誂
- 醸し人九平次 純米吟醸
  黒田庄に生まれて、
- 醸し人九平次 純米大吟醸 雄町

住所 ● 名古屋市緑区大高町西門田41

電話 ● 052-621-2185

URL ● http://kuheiji.co.jp/

初亀、亀、富蔵、瓢月

初亀醸造㈱

寛永13（1636）年創業。東海道五十三次の江戸から数えて21番目の宿場町で、古くから地元の岡部町民や旅人の疲れを癒してきた地酒。癒しの酒を造り続ける。

主なラインナップ

- 初亀 急冷美酒
- 初亀 純米吟醸 富蔵
- 初亀 純米大吟醸 亀

住所 ● 藤枝市岡部町岡部744

電話 ● 054-667-2222

義侠

山忠本家酒造㈱

「米のもつ力を最大限、酒に還元する」ことを蔵元の使命と考え、「飲んでうまい酒」を追求。ほかにも酒の熟成に力を入れており、昭和52（1977）年度醸造を熟成させるなど、日本酒の新たな可能性も模索中。

主なラインナップ

- 義侠 妙
- 義侠 慶
- 義侠 はるか

住所 ● 愛西市佐屋町日置1813

電話 ● 0567-28-2247

蓬莱泉

関谷醸造㈱

愛知県北東部の山間部にある蔵。蓬莱泉の特別純米酒「可。」は、酸味の少ないすっきりとした純米酒。麹の原料米・夢山水は愛知農試山間試験場、県食品技術センターと蔵が協同開発した、山間高冷地専用の酒造好適米。

主なラインナップ

- 蓬莱泉 空 純米大吟醸酒
- 蓬莱泉 和 純米吟醸酒
- 蓬莱泉 可。 特別純米酒

住所 ● 北設楽郡設楽町田口字町浦22

電話 ● 0536-62-0505

URL ● http://www.houraisen.co.jp/

日本酒主要銘柄リスト

滋賀県

Brand List in Shiga

七本鎗

冨田酒造㈲

雪深い賤ヶ岳山麓の旧北国街道沿いで460余年の歴史を刻む酒蔵。蔵内の井戸より汲み出す奥伊吹山系の伏流水と地元篤農家による酒米を使用し、米のうま味をじっくりと味わえる食中酒を目指している。

主なラインナップ

- 七本鎗 低精白純米 80%精米火入れ
- 七本鎗 純米 渡船
- 七本鎗 純米 14号酵母

住所 ● 長浜市木之本町木之本1107

電話 ● 0749-82-2013

URL ● http://www.7yari.co.jp/

黒松翁

㈴森本仙右衛門商店

まろやかな伊賀の軟水と、琵琶湖の古壌で育まれた、ピュアな甘みの伊賀米で仕込んだ酒。口当たりやわらかな、キメ細かな味の微粒子が料理と好相性。

主なラインナップ

- 黒松翁 純米大吟醸
- 黒松翁 純米吟醸 忍者
- 黒松翁 秘蔵古酒 15年者

住所 ● 伊賀市上野福居町3342

電話 ● 0595-23-5500

URL ● http://www.kuromatsu-okina.co.jp/

松の司

松瀬酒造㈱

おいしい酒であることよりも日本酒とは何かを体現できる蔵を志向。技巧的で惰弱な酒にならないように正しい味、健康なおいしさ、透明感が自然と宿る酒を目標に、地元竜王の風景が映し出されるような酒を造る。

主なラインナップ

- 純米吟醸 竜王山田錦
- 純米吟醸 “AZOLLA”
- 生酛純米酒

住所 ● 蒲生郡竜王町弓削475

電話 ● 0748-58-0009

URL ● http://matsunotsukasa.com/

喜楽長

喜多酒造㈱

文政3（1820）年創業。戦前から代々能登杜氏が醸してきた喜楽長は、山田錦、日本晴、滋賀渡船6号などの酒米を使用。「能登杜氏芸」と冠した最上級品の純米大吟醸や大吟醸をはじめとするさまざまな種類がある。

主なラインナップ

- 喜楽長 大吟醸 天保正一
- 喜楽長 特別本醸造
- 喜楽長 滋賀渡船 特別純米酒

住所 ● 東近江市池田町1129

電話 ● 0748-22-2505

URL ● http://kirakucho.jp/

而今

木屋正酒造㈾

江戸時代創業蔵の若き後継者の杜氏が実家に戻り造った銘柄「而今」は、小規模生産で入手困難。甘みと酸味のバランス、食中酒にふさわしい程よい香り、吟醸造りによる透明感とキレを大切にした酒造りを行なう。

主なラインナップ

- 而今 純米吟醸 山田錦
- 而今 特別純米 五百万石 無濾過生原酒
- 而今 特別純米 五百万石 三重酵母 にごりざけ

住所 ● 名張市本町314－1

電話 ● 0595-63-0061

URL ● http://homepage1.nifty.com/kiyashow/

三連星

美冨久酒造㈱

大正6（1917）年創業。創業90周年を機にブランドを一新、「三連星」とした。若手蔵人3人を中心に、純米大吟醸、純米吟醸、純米酒の3種、異なる酒質の3タイプと、「三、三が連なり、星の如く輝けるお酒」を展開している。

主なラインナップ

- 三連星 純米大吟醸 無ろ過生原酒
- 三連星 純米吟醸 無ろ過生原酒
- 三連星 純米酒 無ろ過生原酒

住所 ● 滋賀県甲賀市水口町西林口3－2

電話 ● 0748-62-1113

URL ● http://sanrensay.web.fc2.com/

若戎

若戎酒造㈱

江戸時代の創業者の名にちなんだ義左衛門の純米吟醸は、昭和61（1986）年、先代当主が農家に働きかけたことで、地元伊賀で作られるようになった三重山田錦を100%使用し、低温貯蔵、瓶囲いで熟成させた蔵の代表作。

主なラインナップ

- 若戎 吟醸酒
- 若戎 本醸造酒
- 義左衛門 純米吟醸酒

住所 ● 伊賀市阿保1317

電話 ● 0595-52-1153

URL ● http://www.wakaebis.co.jp/

日本酒主要銘柄リスト

京都府

Brand List
in
Kyoto

月の桂

㈱増田徳兵衛商店

延宝3（1675）年創業、伏見ではもっとも古い歴史のあるにごり酒と古酒の元祖蔵元。多くの文化人に愛されてきた月の桂は多岐にわたるラインナップ。近年、伏見の契約農家と栽培した自家栽培米、祝による商品も登場。

主なラインナップ

- 月の桂 本醸造大極上中汲にごり酒
- 月の桂 十年貯蔵純米大吟醸古酒 琥珀光 特別酒
- 月の桂 純米吟醸 柳

住所 ● 京都市伏見区下鳥羽長田町135
電話 ● 075-611-5151
URL ● http://www.tsukinokatsura.co.jp/

松竹梅

宝酒造㈱

江戸時代後期に伏見で酒造りを開始。松竹梅の銘柄は大正9（1920）年から使用。近年建設された松竹梅白壁蔵は、灘の昔ながらの酒造りを最新の技術で行なう施設。蔵名を冠した生酛造りの純米酒や吟醸酒を発売。

主なラインナップ

- 特撰松竹梅 本醸造
- 松竹梅 白壁蔵 生酛純米
- 松竹梅 山田錦 特別純米 辛口

住所 ● 京都市伏見区竹中町609
電話 ● 075-241-5111（お客様相談室）
URL ● http://www.takarashuzo.co.jp/

富翁

㈱北川本家

明暦3（1657）年、京都・伏見に創業。京都の食文化とともに歩んできた酒蔵。300年以上にわたり伝えられた伝承の技と原料にこだわり、最新の技術を取り入れながら、価値ある日本酒を提供することを目指している。

主なラインナップ

- 富翁 大吟醸 山田錦
- 富翁 純米酒 プルミエアムール
- 純米 乾風（あなぜ）五百万石

住所 ● 京都市伏見区村上町370－6
電話 ● 075-611-1271
URL ● http://www.tomio-sake.co.jp/

玉川

木下酒造㈲

現代的手法に加え、生酛系は酵母無添加で醸造する自然に即した伝統的手法を用いる。「すべきことを正直に、手間を惜しまず丁寧に」をモットーに、酒のうま味にこだわり、多様な料理に合う新酒から熟成酒まで造っている。

主なラインナップ

- 自然仕込 純米酒 山廃 無濾過生原酒
- 自然仕込 純米大吟醸 玉龍 山廃
- 大吟醸

住所 ● 京丹後市久美浜町甲山1512
電話 ● 0772-82-0071
URL ● http://www.sake-tamagawa.com

英勲

齊藤酒造㈱

英勲は『全国新酒鑑評会』で平成9酒造年度から14年連続での金賞受賞を達成。平成19酒造年度からは「京都の米で、京都の酒を」を合言葉に、それまでの山田錦に代わり復活した京都府産の祝の大吟醸を出品している。

主なラインナップ

- 英勲 大吟醸 祝35
- 英勲 純米大吟醸 井筒屋伊兵衛
- 英勲 純米大吟醸 古都千年

住所 ● 京都市伏見区横大路三栖山城屋敷町105
電話 ● 075-611-2124
URL ● http://www.eikun.com/

玉乃光

玉乃光酒造㈱

自社で正確に精米した酒米を使用し、製造する清酒のほとんどが、純米吟醸酒。味わいの全体的な特徴は、酒米のもつうま味（コク）と、天然の酸味（キレ）のバランスがとれたスッキリした飲み口で飲み飽きしない。

主なラインナップ

- 純米大吟醸 備前雄町100%
- 純米吟醸 凛然山田錦100%
- 純米吟醸 酒魂

住所 ● 京都市伏見区東堺町545－2
電話 ● 075-611-5000
URL ● http://www.tamanohikari.co.jp/

月桂冠

月桂冠㈱

寛永14（1637）年京都伏見で創業。明治時代から銘柄として使われ始めた月桂冠はレギュラー酒以外に、最高級クラスの純米大吟醸酒「鳳麟」や、匠の技で日本酒本来の味を伝える「伝匠」などのシリーズもある。

主なラインナップ

- 月桂冠 鳳麟 純米大吟醸
- 伝匠月桂冠 大吟醸酒
- ヌーベル月桂冠 純米酒

住所 ● 京都市伏見区南浜町247
電話 ● 075-623-2040（お客様相談室）
URL ● http://www.gekkeikan.co.jp/

京都府の酒蔵で生産された日本酒

英勲
井筒屋伊兵衛
純米大吟醸

英勲
古都千年
純米大吟醸

英勲
古都千年
純米酒

小鼓

㈱西山醸造場

高浜虚子との縁から、文人・歌人に親しまれてきた銘酒。県内と地元の米を使い、古くからの手造り、小仕込を継承しながらも、斬新なボトルとラベルデザイン。新旧を融合させた独自の酒造りを行なっている。

主なラインナップ

- 大吟醸古酒 椿寿天楽
- 大吟醸 心楽 小鼓
- 大吟醸 天楽 小鼓

住所 ● 丹波市市島町中竹田1171

電話 ● 0795-86-0331

URL ● http://www.kotsuzumi.co.jp/

日本酒主要銘柄リスト

兵庫県

Brand List in Hyogo

日本酒主要銘柄リスト

大阪府

Brand List in Osaka

櫻正宗

櫻正宗㈱

創醸寛永2（1625）年で約400年の歴史をもつ。全国に「正宗」をつける酒は数多くあるが、清酒正宗の元祖の蔵元。また宮水の発見蔵、きょうかい1号酵母発祥蔵でもある。

主なラインナップ

- 櫻正宗 金稀 純米吟醸
- 櫻正宗 焼稀 生一本
- 櫻正宗 朱稀 本醸造

住所 ● 神戸市東灘区魚崎南町5－10－1

電話 ● 078-411-2101

URL ● http://www.sakuramasamune.co.jp/

菊正宗

菊正宗酒造㈱

万治2（1659）年の創業以来350余年、素材や杜氏の技にこだわった「品質本位」の主義を貫く酒造り。2012年秋に上撰以上のレギュラー酒を全量生酛化し、飲み飽きしない辛口酒を目指している。

主なラインナップ

- 超特撰 嘉宝蔵 雅
- 上撰 本醸造
- 上撰 樽酒

住所 ● 神戸市東灘区御影本町1－7－15

電話 ● 078-854-1043（お客様相談室）

URL ● http://www.kikumasamune.co.jp/

秋鹿

秋鹿酒造㈲

米作りから酒造りまでを蔵で手がける一貫造りを目標に、自営田では無農薬の山田錦を栽培、契約農家の米も含めて純米酒のみを造る。秋鹿はたっぷりしたうま味と豊かな酸、後味のキレもよく、どれも料理と好相性。

主なラインナップ

- 秋鹿 山廃純米酒 山田錦
- 秋鹿 純米吟醸 無濾過生原酒
- 秋鹿 純米古酒 2000年上槽

住所 ● 豊能郡能勢町倉垣1007

電話 ● 072-737-0013

沢の鶴

沢の鶴㈱

享保2（1717）年創業。江戸時代から続く沢の鶴、その吟醸酒は華やかさとさわやかさを合わせもった香りでふっくらとしたコクのあるタイプが主体。芳醇な吟醸の香味とやさしいのどごしで、食中酒にも適した造り。

主なラインナップ

- 沢の鶴 大吟醸 春秀 瓶詰
- 沢の鶴 吟醸 瑞兆
- 沢の鶴 純米酒 山田錦

住所 ● 神戸市灘区新在家南町5－1－2

電話 ● 078-881-1269（お客様相談室）

URL ● http://www.sawanotsuru.co.jp/

黒松剣菱

剣菱酒造㈱

創業永正2（1505）年。創業当時より使い続けているマークは男性と女性の像にて「陰陽和合」、「永遠」という時を意味する。長年受け継いだ伝統の技で米の味を引き出し、濃醇なコクとうま味のある伝統の味を守り続ける。

主なラインナップ

- 剣菱
- 黒松剣菱
- 瑞穂黒松剣菱

住所 ● 神戸市東灘区御影本町3－12－5

電話 ● 078-451-2501

URL ● http://www.kenbishi.co.jp

天野酒

西條㈾

太閤秀吉が愛飲したことで知られる僧房酒を源流にもつ酒蔵。淡麗辛口一辺倒な酒造りを目指さず、甘みやうま味へのこだわりが特徴。

主なラインナップ

- 天野酒 僧房酒
- 天野酒 大吟醸
- 天野酒 特別純米

住所 ● 河内長野市長野町12－18

電話 ● 0721-55-1101

URL ● http://www.amanosake.com/

沢の鶴 純米大吟醸 瑞兆　沢の鶴 上撰 本醸造　沢の鶴 純米酒 山田錦

← 兵庫県の酒蔵で生産された日本酒

日本酒主要銘柄リスト

奈良県

Brand List in Nara

白鶴

白鶴酒造㈱

寛保3（1743）年創業。伝統の中で丹波杜氏と一体となり行なってきた酒造り。現在は現代の高度な技術を取り入れた設備と伝統の技を融合させ、高品質で安心して多くの人に飲んでもらえる多様な酒を揃えている。

主なラインナップ

- 上撰 白鶴
- 特撰 白鶴 特別純米酒 山田錦
- 白鶴 まる

住所 ● 神戸市東灘区住吉南町4－5－5
電話 ● 078-856-7190（お客様相談室）
URL ● http://www.hakutsuru.co.jp/

白雪

小西酒造㈱

天文19（1550）年創業。伊丹の地で460年。古き良き伝統を継承し、清酒「白雪」は現存する最古の清酒銘柄。小西家2代目の宗宅が、馬に樽酒を積んで江戸へ向かう途中、雪をいただいた富士山に感動して名付けたもの。

主なラインナップ

- 超特撰 白雪 純米大吟醸 萬歳紋（原酒）
- 超特撰 白雪 江戸元禄の酒（復刻酒）原酒
- 超特撰 白雪 純米酒 赤富士

住所 ● 伊丹市東有岡2－13
電話 ● 072-782-5251（お客様相談室）
URL ● http://www.konishi.co.jp/

風の森

油長酒造㈱

食事をし、酒を飲む。日常を豊かにし、五感をくすぐる酒を造り続ける風の森。商品はすべて生酒で、それを年間通じて販売するため、研究を重ねた独自の技術を全商品の上槽方法に応用しているのが特徴。

主なラインナップ

- 風の森 アキツホ 純米酒 しぼり華
- 風の森 キヌヒカリ 純米大吟醸酒 しぼり華
- 風の森 露葉風 純米酒 しぼり華

住所 ● 御所市中本町1160
電話 ● 0745-62-2047
URL ● http://www.yucho-sake.jp/

福寿

㈱神戸酒心館

宝暦元（1751）年創業以来13代続く灘の蔵。福寿は日本の名水百選である硬水の宮水と山田錦をはじめとする兵庫県産米を使用。「箱麹法」による完全手作業の麹造りを行ない、濃醇できれいな神戸の地酒を目指す。

主なラインナップ

- 福寿 大吟醸 極上原酒
- 福寿 純米吟醸
- 福寿 純米酒 御影郷

住所 ● 神戸市東灘区御影塚町1－8－17
電話 ● 078-821-1124
URL ● http://www.shushinkan.co.jp/

龍力

㈱本田商店

創業大正10（1921）年。山田錦の主産地である播州の地酒蔵として、最上級の酒米にこだわり続けている。従来の酒造りを基本に、すべては「美味しく、楽しいを食卓に」をモットーに、革新的な酒造りにも取り組んでいる。

主なラインナップ

- 純米大吟醸 龍力 米のささやき 秋津
- 大吟醸 龍力 米のささやき YK40－50
- 特別純米 龍力 山田錦 生もと仕込み

住所 ● 姫路市網干区高田361－1
電話 ● 079-273-0151
URL ● http://www.taturiki.com/

長龍

長龍酒造㈱

昭和39（1964）年、日本で最初の瓶詰樽酒として、本場吉野杉の甲付樽に肌添えさせた「吉野杉の樽酒」を発売。奈良県の酒造好適米「露葉風」を使用した「稲の国の稲の酒」など、日本の文化として日本酒を後世に伝えている。

主なラインナップ

- 吉野杉の樽酒
- ふた穂 雄町 特別純米酒
- 稲の国の稲の酒 特別純米酒

住所 ● 北葛城郡広陵町南4
電話 ● 0745-56-2026
URL ● http://www.choryo.jp/

富久錦

富久錦㈱

創業天保10（1839）年。平成4（1992）年度より全量純米酒を醸す。播州加西地域で収穫した米を100%使用。小さいながらもうま味のある食中酒を造っている。

主なラインナップ

- 純米大吟醸 瑞福
- 特別純米
- 低アルコール純米 Fu.

住所 ● 加西市三口町1048
電話 ● 0790-48-2111
URL ● http://www.fukunishiki.co.jp/

白鹿

辰馬本家酒造㈱

江戸時代から評判の高い灘の銘酒、白鹿。六甲山からの宮水と六甲おろし、西宮の海。山、海に挟まれ、そこで湧き出る宮水が灘の高品質な酒を醸している。丹波杜氏の技が造る奥の深いうま味が特徴だ。

主なラインナップ

- 特撰 黒松白鹿 特別本醸造 山田錦
- 超特撰 黒松白鹿 豪華千年壽 純米大吟醸
- 特撰 黒松白鹿 黒松純米 もち四段仕込

住所 ● 西宮市建石町2－10
電話 ● 0798-32-2727（お客様相談室）
URL ● http://www.hakushika.co.jp/

福寿 発泡純米酒 あわ咲き　福寿 凍結酒　福寿 大吟醸 極上原酒　福寿 純米吟醸　福寿 純米酒 御影郷　福寿 純米大吟醸

兵庫県の酒蔵で生産された日本酒

日本酒主要銘柄リスト

鳥取県

Brand List
in
Tottori

日本酒主要銘柄リスト

和歌山県

Brand List
in
Wakayama

篠峯、櫛羅

千代酒造㈱

葛城山の伏流水を自社井戸より汲み出し、やわらかい優しい水の味を活かした酒造りを丁寧に行なっている。自社田では山田錦を栽培し、櫛羅という地名の付いた酒も造る。

主なラインナップ

- 篠峯 凛々 雄町 純米吟醸 無濾過生原酒
- 篠峯 遊々 純米 山田錦
- 櫛羅 純米吟醸

住所 ● 御所市櫛羅621

電話 ● 0745-62-2301

URL ● http://www.chiyoshuzo.co.jp/

諏訪泉、朋鳥

諏訪酒造㈱

諏訪泉のテーマは「幸せな食卓」。県内で作られた玉栄、兵庫県産の山田錦を用いて、四季折々においしい料理に寄り添う酒を提供している。

主なラインナップ

- 諏訪泉 純米酒
- 諏訪泉 純米吟醸 満点星
- 諏訪泉 純米大吟醸 朋鳥

住所 ● 八頭郡智頭町智頭451

電話 ● 0858-75-0618

URL ● http://suwaizumi.jp/

黒牛

㈱名手酒造店

米のうま味を引き出し、まろやかで幅のある味わいが特徴。日々の暮しの中で親しまれる3銘酒をテーマに、丁寧な酒造りとチームワークを大切にしている。約1500石の95%が純米酒。

主なラインナップ

- 純米酒 黒牛
- 本生無濾過 黒牛
- 純米吟醸 黒牛

住所 ● 海南市黒江846

電話 ● 073-482-0005

URL ● http://www.kuroushi.com/

春鹿

㈱今西清兵衛商店

日本で最初の国際首都奈良は日本清酒発祥の地。春鹿は世界遺産の東大寺や興福寺に、ほど近い昔の風情を残す奈良町で「米を磨く、水を磨く、技を磨く、心を磨く」を基本理念に、うまい酒を世界にも拡げている。

主なラインナップ

- 春鹿 純米 超辛口
- 白滴 而妙酒 純米吟醸
- 春鹿 純米大吟醸

住所 ● 奈良市福智院町24－1

電話 ● 0742-23-2255

URL ● http://www.harushika.com/

日置桜

㈲山根酒造場

穂先までが長く扱いがむずかしいことから栽培されなくなった鳥取原産の名酒米・強力の復活に尽力。品種特有の酸味によって燗酒でもおいしく飲める日置桜の「強力純米大吟醸」は、高精米でも味わえる深いコクも特徴的。

主なラインナップ

- 日置桜 純米大吟醸
- 日置桜 強力米純米大吟醸
- 純米吟醸 青水緑山

住所 ● 鳥取市青谷町大坪249

電話 ● 0857-85-0730

URL ● http://www.hiokizakura.jp/

李白

李白酒造㈲

松江出身の首相、若槻礼次郎によって、酒仙李白に因んで命名され、若槻愛飲の酒でもある。食材が豊富で食文化が円熟しているこの地にふさわしい、旨口でキレのある酒、食事をおいしくさせる酒造りを目指している。

主なラインナップ

- 李白 純米大吟醸
- 李白 大吟醸 月下獨酌
- 李白 純米吟醸 超特撰

住所 ● 松江市石橋町335
電話 ● 0852-26-5555
URL ● http://www.rihaku.co.jp/

豊の秋

米田酒造㈱

出雲杜氏の技術と伝統を継承し、松江市郊外の湧水と地元産を中心とした酒蔵好適米で仕込む。代表銘柄「豊の秋」は五穀豊穣に感謝をとの思いから命名。料理との調和を大切にし、「ふっくらうまく、心地よく」がモットー。

主なラインナップ

- 豊の秋 大吟醸 中取り
- 豊の秋 特別純米 雀と稲穂
- 豊の秋 上撰

住所 ● 松江市東本町3－59
電話 ● 0852-22-3232
URL ● http://www.toyonoaki.com/

日本酒主要銘柄リスト

島根県

Brand List
in
Shimane

日本酒主要銘柄リスト

岡山県

Brand List
in
Okayama

簸上正宗、玉鋼、七冠馬

簸上清酒㈴

創業300年の出雲杜氏の技が、野太い芳醇な酒質を醸し出す。酒米の作り手の顔が浮かんでくるような酒造りが目標。香りは穏やかでいい。あくまでも味わいの豊かさで楽しんでもらうのが身上である。

主なラインナップ

- 大吟醸 玉鋼斗瓶囲い
- 特別純米 七冠馬
- 純米吟醸 七冠馬 山廃仕込み

住所 ● 仁多郡奥出雲町横田1222
電話 ● 0854-52-1331
URL ● http://www.sake-hikami.jp/

月山

吉田酒造㈱

出雲松江藩7代目藩主、松平不昧が興した茶道、不昧流において最高の水と称される「島根の名水百選」指定の超軟水を仕込み水に使用した酒。やわらかな味わいと出雲流の芳醇なうま味があふれる味わいが特徴。

主なラインナップ

- 月山 芳醇辛口純米
- 月山 特別純米
- 月山 純米吟醸

住所 ● 安来市広瀬町広瀬1216
電話 ● 0854-32-2258
URL ● http://www.e-gassan.co.jp

御前酒、炭屋彌兵衛

㈱辻本店

文化元（1804）年創業。寒冷な気候、良質の酒米と水という好条件に恵まれた環境で酒造りに行なう。すっきりとした辛口が持ち味。平成19（2007）年より岡山県初の女性杜氏、辻麻衣子が酒造りを行なっている。

主なラインナップ

- 御前酒 純米 美作（みまさか）
- gozenshu 9（NINE）ギュラーボトル
- 炭屋彌兵衛 純米

住所 ● 岡山県真庭市勝山116
電話 ● 0867-44-3155
URL ● http://www.gozenshu.co.jp/

美波太平洋

木次酒造㈱

美波太平洋は、酒のルーツをそのまま伝えるかのように濃醇タイプの酒を生む奥出雲地区にあり、しっかりした酸味と力強いボディが特徴。まじめな酒造りをしながらも、ウイットに富んだ商品作りをしている。

主なラインナップ

- 美波太平洋 純米吟醸原酒 うん、何？
- 美波太平洋 純米吟醸
- 美波太平洋 大吟醸袋吊斗壜囲い 翠祥

住所 ● 雲南市木次町木次477－1
電話 ● 0854-42-0072
URL ● http://www.kisukisyuzou.com/

天穏

板倉酒造㈲

「天が穏やかでありますように」という願いが込められた銘柄。人の心が安らぐような酒を目指している。

主なラインナップ

- 天穏 純米酒
- 天穏 生酛 無濾過純米酒

住所 ● 出雲市塩冶町468
電話 ● 0853-21-0434
URL ● http://www.tenon.jp/

日本酒主要銘柄リスト

広島県

Brand List in Hiroshima

千福

㈱三宅本店

千福という酒銘は、初代三宅清兵衛が女性の内助の功をたたえる意味から、母「フク」妻「千登（チト）」の名を取り酒銘としたと伝えられてる。

主なラインナップ

- 神力 生もと 純米無濾過原酒85
- 千福 純米酒
- 千福 辛口本醸造酒

住所 ● 呉市本通7－9－10

電話 ● 0823-22-1029

URL ● http://www.sempuku.co.jp/

燦然

菊池酒造㈱

「うま味があってキレのよい、一度飲んだら忘れられないような理想の酒」が目標。モーツァルトが流れる蔵で、雄町など岡山県産の米や兵庫県産の山田錦を用い、社長杜氏と備中杜氏の技により燦然が醸される。

主なラインナップ

- 燦然 純米大吟醸原酒
- 燦然 雄町吟醸 ブルーボトル
- 木村式奇跡のお酒 純米大吟醸原酒

住所 ● 倉敷市玉島阿賀崎1212

電話 ● 086-522-5145

URL ● http://www.kikuchishuzo.co.jp/

白牡丹

白牡丹酒造㈱

延宝3（1675）年に広島の酒造りの中心、西条で創業。広島でもっとも古い歴史をもつ蔵であり、白牡丹の銘は江戸末期から用いられている。八反、雄町、山田錦などの酒米を用い、辛口から甘口まで幅広い酒を造る。

主なラインナップ

- 白牡丹 広島八反 吟醸酒
- 白牡丹 広島特撰 千本錦 吟醸酒
- 白牡丹 山田錦 純米酒

住所 ● 東広島市西条本町15－5

電話 ● 082-422-2142

URL ● http://www.hakubotan.co.jp/

賀茂泉

賀茂泉酒造㈱

創業大正元（1912）年。酒都、西条にてこだわりの純米酒を醸す。昭和47（1972）年、米・米麹だけで醸す純米醸造を復活させ、「本仕込賀茂泉」を発売。以来純米酒のパイオニアとして知られる。

主なラインナップ

- 朱泉本仕込
- 緑泉本仕込
- 造賀純米酒

住所 ● 東広島市西条上市町2－4

電話 ● 082-423-2118

URL ● http://www.kamoizumi.co.jp/

大正の鶴

㈱落酒造場

岡山県を代表する米で、コシヒカリやあきたこまちなどのルーツともいわれる「朝日米」にこだわる純米酒造りの蔵。中硬水を用いることで米のうま味を引き出し、熟成に耐えうる酒造りに挑戦している。

主なラインナップ

- 大正の鶴 純米吟醸 中取り生原酒
- 大正の鶴 特別純米 無濾過生原酒
- 大正の鶴 純米75 瓶火入

住所 ● 真庭市下呰部664－4

電話 ● 0866-52-2311

龍勢、宝寿

藤井酒造㈱

第1回全国清酒品評会にて日本一となり、広島酒の品質を全国に広めた銘柄。食事とともに楽しめる純米酒を目指し、冷やから燗までしっかりとした味わいを堪能できる。

主なラインナップ

- 龍勢 純米大吟醸 黒ラベル
- 龍勢 純米吟醸 白ラベル
- 宝寿 酒の道 芳醇純米

住所 ● 竹原市本町3－4－14

電話 ● 0846-22-2029

URL ● http://www.fujiishuzou.com/

賀茂鶴

賀茂鶴酒造㈱

古くから酒造りに適した気候の酒都、西条において、最高級米を使い時間をかけてゆっくり精米。名水を使用して伝承の技と情熱と心で、品質第一の酒造りをする。

主なラインナップ

- 特製ゴールド賀茂鶴
- 双鶴
- 一滴入魂

住所 ● 東広島市西条本町4－31

電話 ● 082-422-2121

URL ● http://www.kamotsuru.jp/

大典白菊

白菊酒造㈱

創業明治19（1886）年。日本酒が円熟する秋を代表する花「白菊」にちなんで酒銘とし、「大典」は昭和ご大典の年に全国清酒鑑評会の優等賞受賞を記念して冠したもの。地の米、地の水、地の技の三位一体の地酒を醸す。

主なラインナップ

- 大典白菊 大吟醸 斗瓶採りしずく酒
- 大典白菊 純米大吟醸 雄町
- 大典白菊 純米酒 造酒錦

住所 ● 高梁市成羽町下日名163－1

電話 ● 0866-42-3132

URL ● http://www.shiragiku.com

岡山県の酒蔵で生産された日本酒

大正の鶴 特別純米 ひやおろし ／ 大正の鶴 特別純米 無濾過生原酒 ／ 大正の鶴 純米吟醸 中取り生原酒 ／ 燦然 純米 山田錦 ／ 燦然 大吟醸原酒 ／ 木村式奇跡のお酒 純米大吟醸原酒（菊地酒造）

日本酒主要銘柄リスト

山口県

Brand List
in
Yamaguchi

獺祭

旭酒造㈱

山田錦から造られる純米大吟醸造りのみの「獺祭」で評判の蔵。精米歩合の極限に挑戦した「磨き二割三分」や搾りに遠心分離システムを導入するなど、革新的な酒造りで国内外から注目されている。

主なラインナップ
- 獺祭 50
- 獺祭 磨き三割九分
- 獺祭 磨き二割三分

住所 ● 岩国市周東町獺越2167－4
電話 ● 0827-86-0120
URL ● http://www.asahishuzo.ne.jp/

金冠黒松

村重酒造㈱

日本三名橋のひとつ錦帯橋の上流約5kmにさかのぼった寒冷冷涼の山あいにある蔵元。創業時から地元の人々に愛される味わいを心掛け、全体的にふくらみ、そして、うま味、丸みのある味わいのある酒を造っている。

主なラインナップ
- 金冠黒松 大吟醸 錦
- 日下無双 純米大吟醸
- 日下無双 純米酒

住所 ● 岩国市御庄5－101－1
電話 ● 0827-46-1111
URL ● http://www.kinkan-kuromatsu.jp

長門峡《ちょうもんきょう》

㈲岡崎酒造場

萩市の山の中の景勝地「長門峡」の近くで大正10（1921）年より創業。昭和45（1970）年に上流の現在地に移転。すべて山口県産の米を使用し、阿武川の清流の水で育まれたお酒。完全無農薬米のイセヒカリの純米酒も造る。

主なラインナップ
- 長門峡 純米大吟醸
- 長門峡 特別純米無濾過
- 長門峡 特別純米

住所 ● 萩市川上464－1
電話 ● 0838-54-2023
URL ● http://www.e-hagi.jp/~chomonkyo/

五橋

酒井酒造㈱

明治4（1871）年創業。「五橋」の酒名は錦川に架かる五連の反り橋「錦帯橋」にちなんで命名。「山口県の地酒」であるために地元の米・水・人にこだわり、軟水仕込特有のキメ細やかで香り高い酒質が特徴。

主なラインナップ
- 五橋 大吟醸 錦帯五橋
- 五橋 純米酒 木桶造り
- 発泡純米酒 ねね

住所 ● 岩国市中津町1－1－31
電話 ● 0827-21-2177
URL ● http://www.gokyo-sake.co.jp/

貴

㈱永山本家酒造場

秋吉台を水源にする貴の仕込水は、カルシウム分がたっぷりの中硬水。酒にミネラル感のある輪郭を与えている。「飲むほどに癒される米味の酒」がテーマ。

主なラインナップ
- 特別純米 貴
- 純米吟醸 山田錦 貴
- 純米吟醸 雄町 貴

住所 ● 宇部市大字車地138
電話 ● 0836-62-0088

山頭火

金光酒造㈱

醤油製造業の金光家が大正15（1926）年より酒造りに参入。地産地消をモットーに、伝統の味を守っている。俳人・種田山頭火が、明治後期から防府工場跡を所有し酒造りをしていたという縁から、その名を冠す。

主なラインナップ
- 山頭火 純米大吟醸酒 原酒
- 夢露香 D 純米大吟醸酒
- 山行水行 純米吟醸酒

住所 ● 山口市嘉川5031
電話 ● 083-989-2020
URL ● http://www.santouka.com/

雁木

八百新酒造㈱

明治24（1891）年創業。平成24年には全量純米蔵に回帰。米のうま味を最大限に引き出す造りを心がけ、活性炭素を用いる濾過はしていない。微生物との対話が可能な少量仕込みに徹し、つねに新しいおいしさを追求している。

主なラインナップ
- 雁木 純米大吟醸 鶺鴒
- 雁木 純米大吟醸 ゆうなぎ
- 雁木 純米吟醸 無濾過生原酒

住所 ● 岩国市今津町3－18－9
電話 ● 0827-21-3185
URL ● http://www.yaoshin.co.jp/

龍勢 備前雄町 / 龍勢 白ラベル / 宝寿 酒の道 / 白牡丹 山田錦 純米 / 白牡丹 広島八反 吟醸酒 / 白牡丹 純米酒

← 広島県の酒蔵で生産された日本酒

日本酒主要銘柄リスト

愛媛県

Brand List
in
Ehime

石鎚

石鎚酒造㈱

石鎚山の麓に蔵を構える。純米酒、純米吟醸酒を中心に「食中に活きる酒造り」を標榜し、3杯目からさらにおいしくなる酒を目指す。家族中心で、手造りだから成せる愛情と情熱のこもった酒造りを信条としている。

主なラインナップ

- 石鎚 純米吟醸
- 石鎚 無濾過純米
- 石鎚 純米大吟醸

住所 ● 西条市氷見丙402－3
電話 ● 0897-57-8000
URL ● http://www.ishizuchi.co.jp/

梅錦

梅錦山川㈱

明治5（1872）年創業以来、米を選び、水を吟味し、至高の技のもと造られてきた「梅錦」。ただひたすらに、ただひたむきに、「旨い酒を造る」。そのことに専念し造られた日本酒。

主なラインナップ

- 梅錦 究極の酒
- 梅錦 純米吟醸原酒 酒一筋
- 梅錦 吟醸 つうの酒

住所 ● 四国中央市金田町金川14
電話 ● 0896-58-1211
URL ● http://www.umenishiki.com/

日本酒主要銘柄リスト

香川県

Brand List
in
Kagawa

悦凱陣

㈲丸尾本店

米の産地として名高い讃岐の厳選米と弘法大師ゆかりの満農池の伏流水による、しっかりとしたうま味の辛口、悦凱陣。造り手の酒造りへの信念が凝縮した強烈な個性を感じる味わいに、マニアからの評価も高い。

主なラインナップ

- 悦凱陣 燕石 純米大吟醸
- 悦凱陣 大吟醸
- 悦凱陣 純米大吟醸 しずく酒 斗瓶囲い

住所 ● 仲多度郡琴平町榎井93
電話 ● 0877-75-2045

日本酒主要銘柄リスト

徳島県

Brand List
in
Tokushima

芳水

芳水酒造㈲

酒造好適米・酒造好適水・連達の技で真面目一徹に、「消費者が満足する美酒」をモットーにして、全員が一丸となって酒造りを行なっている。

主なラインナップ

- 芳水 純米大吟醸
- 芳水 純米吟醸 淡遠
- 芳水 特別純米酒

住所 ● 三好市井川町辻231－2
電話 ● 0883-78-2014
URL ● http://www.housui.com/

司牡丹

司牡丹酒造㈱

江戸時代の幕開けとともに創業し、現在は地元に根付く企業に。幕末の志士たちに、政治家や作家たちに愛されてきた地酒。社会の動向に左右されずに貫いてきた「品質至上主義」を守ると同時に、飲んで楽しい酒を造る。

主なラインナップ
- 秀麗 司牡丹 純米吟醸原酒
- 船中八策 超辛口純米酒
- 豊麗 司牡丹 純米酒

住所 ● 高岡郡佐川町甲1299
電話 ● 0889-22-1211
URL ● http://www.tsukasabotan.co.jp/

純平、久礼

㈲西岡酒造店

土佐の自然の恵みを、酒とともに味わってほしいからと、地元の水と米を使い、地元にしかできない清酒、そして高知の料理にいちばん合う地酒を目指している。

主なラインナップ
- 久礼 辛口純米 +10
- 特別本醸造 辛口男酒 純平
- どくれ 純米吟醸

住所 ● 高岡郡中土佐町久礼6154
電話 ● 0889-52-2018
URL ● http://www.jyunpei.co.jp/

川亀

川亀酒造㈾

オーナー家の若き杜氏が小さな蔵ならではの丁寧な酒造りを行なう。「川亀」はどの種類もクリーンでピュアなフルーツの香りが心地よい。山廃造りや麹蓋などの伝統的な手法を守る一方、自社酵母の開発など新たな試みも。

主なラインナップ
- 川亀 大吟醸
- 川亀 純米大吟醸
- 川亀 山廃純米

住所 ● 八幡浜市五反田2－4－1
電話 ● 0894-22-0315

日本酒主要銘柄リスト

福岡県

Brand List
in
Fukuoka

酔鯨

酔鯨酒造㈱

気温が高く酒造りがむずかしい土地だからこそ、麹をしっかり作り、迅速な発酵により適度な酸味が生まれ、キレがよいという「酔鯨」の特徴が生まれた。料理のよさを引き出す酒という姿勢は、吟醸酒でも貫かれている。

主なラインナップ
- 酔鯨 純米吟醸 吟寿 うすにごり
- 酔鯨 純米吟醸 鯨海酔侯
- 酔鯨 純米吟醸 備前雄町

住所 ● 高知市長浜566－1
電話 ● 088-841-4080
URL ● http://www.suigei.jp/

日本酒主要銘柄リスト

高知県

Brand List
in
Kochi

喜多屋

㈱喜多屋

飲み飽きしない食中酒を目指している限定品の蒼田は、山田錦のみを使用し、米のうま味によるやわらかさと芳醇さが口中で広がる。メインブランドの大吟醸、喜多屋はしずく搾りで仕上げられる。

主なラインナップ
- 大吟醸 極上 喜多屋
- 蒼田 特別純米酒 山廃仕込み
- 蒼田 純米大吟醸酒

住所 ● 八女市本町374
電話 ● 0943-23-2154
URL ● http://www.kitaya.co.jp/

玉の井、南

㈲南酒造場

量を追わず味重視の姿勢を貫き、「うーん、うまい！ もう一杯飲みたい」といった酒を目指す。スローフードが見直される中、日本酒という伝統産業を大切にしている。

主なラインナップ
- 純米大吟醸 南
- 純米吟醸 南
- 中取り純米 南

住所 ● 安芸郡安田町安田1875
電話 ● 0887-38-6811

亀泉

亀泉酒造㈱

「美味しい！ 楽しい！ おもしろい！」をモットーに高知県産の米、酵母、水にこだわりながらバラエティに富む酒を醸している。

主なラインナップ
- 純米大吟醸 貴賓
- 純米吟醸生原酒 山田錦
- 純米吟醸生原酒 CEL-24

住所 ● 土佐市出間2123－1
電話 ● 088-854-0811
URL ● http://www.kameizumi.co.jp/

天山・七田

天山酒造㈱

銘水と蛍の里「小城」にあり、木造の酒蔵は国の有形登録文化財に指定されている。「和醸良酒」の精神で情熱あふれる酒造りは、数々の銘酒を生み出し、全国新酒鑑評会では6年連続金賞を受賞している。

主なラインナップ

- 大吟醸 飛天山
- 七田 純米吟醸
- 七田 純米

住所 ● 小城市小城町岩蔵1520

電話 ● 0952-73-3141

URL ● http://www.tenzan.co.jp/main/

日本酒主要銘柄リスト

佐賀県

Brand List in Saga

庭のうぐいす

㈴山口酒造場

天保3（1832）年の創業時、湧き水に一羽のうぐいすが現れて喉を潤している光景が「庭のうぐいす」の由来。「nipponのこころ」を襷として誰もがおかわりしたくなるお酒、その究極を目指している。

主なラインナップ

- 庭のうぐいす 特別純米
- 庭のうぐいす 純米吟醸
- 庭のうぐいす 純米大吟醸 くろうぐ

住所 ● 久留米市北野町今山534－1

電話 ● 0942-78-2008

URL ● http://niwanouguisu.com/

鍋島

富久千代酒造㈲

大正末期に創業した蔵が生き残りをかけ、地元の地酒専門店とともに、佐賀、そして九州を代表する地酒を目標に、昭和63（1988）年に造り始めたのが鍋島。自然体でやさしさのある、食中酒として楽しめる酒を目指す。

主なラインナップ

- 鍋島 大吟醸
- 鍋島 特別本醸造
- 鍋島 純米吟醸 雄町

住所 ● 鹿島市浜町1244－1

電話 ● 0954-62-3727

URL ● http://nabeshima-saga.com/

東一

五町田酒造㈱

大正11（1922）年創業の蔵が、昭和63（1988）年に「吟醸蔵」を目標に掲げ、蔵自ら地元での山田錦の栽培を開始。その山田錦から造られる東一の吟醸酒は、どれも山田錦のまろやかなうま味やふくよかさが息づいている。

主なラインナップ

- 東一 雫搾り大吟醸
- 東一 純米吟醸
- 東一 山田錦 純米酒

住所 ● 嬉野市塩田町大字五町田甲2081

電話 ● 0954-66-2066

URL ● http://www.azumaichi.com

三井の寿

井上㈴

三井の寿をはじめとする銘柄で、うま味のあるどっしりしたものから香り高くすっきりしたものまで幅広いタイプを造る。酵母は自家培養、小規模仕込みなど、徹底した管理を実施。

主なラインナップ

- 三井の寿 純米吟醸 大辛口
- 三井の寿 純米吟醸 山田錦60 バトナージュ
- 三井の寿 純米吟醸 酒未来

住所 ● 三井郡大刀洗町栄田1067－2

電話 ● 0942-77-0019

窓乃梅

窓乃梅酒造㈱

元禄元（1688）年創業。九州でいち早く純米酒造りを行ない、生酛系山廃酒母による酒造りや木桶仕込など伝承技術の継承にも力を入れている。窓乃梅の「特別純米」は佐賀県産米100%で造られ、芳醇で深い味わいが特徴。

主なラインナップ

- 窓乃梅 純米大吟醸酒
- 窓乃梅 特別純米酒
- 窓乃梅 大吟醸酒 元禄 窓乃梅

住所 ● 佐賀市久保田町大字新田1640－1833

電話 ● 0952-68-2001

URL ● http://www.madonoume.co.jp/

天吹

天吹酒造㈾

8種類前後の花酵母を使った酒造りが特徴の天吹。それぞれの酵母の特徴を活かすため小回りのきく量で仕込みまれ、タイプの異なる酒質の酒が生み出される。また自家田では合鴨農法で山田錦を栽培している。

主なラインナップ

- 天吹 生もと純米大吟醸 雄町
- 天吹 超辛口特別純米酒 生
- 天吹 純米吟醸 雄町 生

住所 ● 三養基郡みやき町東尾2894

電話 ● 0942-89-2001

URL ● http://www.amabuki.co.jp/

独楽蔵

㈱杜の蔵

明治31（1898）年創業。地元福岡の恵みである米・水・人（技）を使った純米作りに情熱を傾ける酒蔵。酒文化を守り、磨き上げながら、現代の食を意識した自然な味わいのお酒を提供することを目指している。

主なラインナップ

- 独楽蔵 沁 豊熟純米大吟醸
- 独楽蔵 無農薬山田錦六十
- 杜の蔵 純米大吟醸酒

住所 ● 久留米市三潴町玉満2773

電話 ● 0942-64-3001

URL ● http://www.morinokura.co.jp

東一 雫搾り 大吟醸　東一 純米大吟醸　東一 純米吟醸　東一 大吟醸　東一 吟醸酒

佐賀県の酒蔵で生産された日本酒

日本酒主要銘柄リスト

宮崎県

Brand List
in
Miyazaki

千徳

千徳酒造㈱

「千徳 純米酒」は高千穂産山田錦100%で飲みごたえのある味。「向洋」は大吟醸のみの銘柄で大吟醸らしいフルーティな淡麗辛口。純米吟醸の「蔵人の夢」は高千穂産山田錦を手造りで醸し、軽やかな酸味で口当たり。

主なラインナップ

- 向洋 大吟醸酒
- 千徳 純米酒
- 蔵人の夢 純米酒 生原酒

住所 ● 延岡市大瀬町2－1－8

電話 ● 0982-32-2024

URL ● http://www.sentoku.com/

日本酒主要銘柄リスト

大分県

Brand List
in
Oita

鷹来屋

浜嶋酒造㈾

100年以上前に創業した造り酒屋。17年間の委託醸造期間後、平成9（1997）年より5代目の現蔵元杜氏が鷹来屋で酒造りを再開。普通酒から全量槽で搾るなど徹底した手造りで、キレとうま味のバランスがとれた食中酒を追求。

主なラインナップ

- 鷹来屋 純米大吟醸
- 鷹来屋 辛口 特別純米酒
- 鷹来屋 特別本醸造

住所 ● 豊後大野市緒方町下自在381

電話 ● 0974-42-2216

URL ● http://www.takakiya.co.jp/

西の関

萱島酒造㈲

熊本の名杜氏の技を継ぐ杜氏が醸す西の関。大分のヒノヒカリ、広島の八反錦、兵庫の山田錦などを原料に、軽やかで優しく甘みのあるやや軟水で仕込まれる。甘・酸・辛・苦・渋が調和した清酒本来のうま味をもつ。

主なラインナップ

- 西の関 特別本醸造 くにさき
- 西の関 大吟醸 滴酒
- 西の関 大吟醸 秘蔵古酒

住所 ● 国東市国東町綱井392－1

電話 ● 0978-72-1181

URL ● http://www.nishinoseki.com/

日本酒主要銘柄リスト

熊本県

Brand List
in
Kumamoto

香露

㈱熊本県酒造研究所

明治時代「肥後の赤酒」から清酒への切り替えに大きな役割を果たし、吟醸用の熊本酵母（きょうかい9号）を誕生させるなど熊本県産酒のレベルアップを牽引。そんな蔵が生み出す香露は酵母を生かした芳醇な香りが特徴。

主なラインナップ

- 香露 特別純米酒
- 香露 本醸造 上撰
- 香露 冷酒

住所 ● 熊本市島崎1－7－20

電話 ● 096-352-4921

瑞鷹

瑞鷹㈱

熊本の酒がほとんど赤酒だった慶応3（1867）年、熊本でいち早く清酒造りを開始。瑞鷹は阿蘇山の伏流水と山田錦、雄町、熊本産や九州産の米を使い、米のまろやかさやうま味が活きる幅広いラインナップを展開。

主なラインナップ

- 瑞鷹大吟醸 華しずく
- 芳醇純米酒 瑞鷹
- 本醸造 瑞鷹 燗あがり

住所 ● 熊本市南区川尻4－6－67

電話 ● 096-357-9671

URL ● http://www.zuiyo.co.jp/

協力社一覧

協力社名	住所	電話番号	ホームページ
NPO法人FBO(料飲専門家団体連合会)	東京都北区堀船2-19-19-2F	03-5390-0715	http://www.fbo.or.jp/
越前焼工業協同組合	福井県丹生郡越前町小曽原5-33	0778-32-2199	http://www.echizenyaki.com/
江戸切子工業協同組合(ショールーム)	東京都江東区亀戸4-18-8	03-6802-9550	http://www.edokiriko.or.jp/
㈱せんきん	栃木県さくら市馬場106	028-681-0011	
㈱玉川堂	新潟県燕市中央通り2-3064	0256-62-2015	http://www.gyokusendo.com/
神戸ポートピアホテル	兵庫県神戸市中央区港島中町6丁目10-1	078-302-1111	http://www.portopia.co.jp/
工房千樹	石川県江沼郡山中町菅谷町へ110	0761-78-0908	http://www.koubou-senju.com/
松徳硝子㈱	東京都墨田区錦糸4-10-4	03-3681-0961	http://www.stglass.co.jp
日本酒サービス研究会・酒匠研究会連合会(SSI)	東京都北区堀船2-19-19	03-5390-0715	http://www.sakejapan.com/
ハイアット リージェンシー 東京	東京都新宿区西新宿2-7-2	03-3348-1234	www.hyattregencytokyo.com/
花祭窯	福岡県福津市津屋崎4-8-20	0940-52-2752	http://www.fujiyoshikensuke.com
ふしきの	東京都新宿区神楽坂4-3TKビル2F	03-3269-4556	http://www.fushikino.com/
㈱松乃井酒造場	新潟県十日町市上野50-1	025-768-2047	http://www.matsunoi.net/
マンダリン オリエンタル 東京	東京都中央区日本橋室町2-1-1	03-3270-8800	http://www.mandarinoriental.co.jp/tokyo/
リーデル・ワイン・ブティック青山本店	東京都港区南青山1-1-1青山ツインタワー東館1F	03-3404-4456	http://www.riedel.co.jp

日本酒基本ブック

Basic Lessons of Sake

発行日／2014年5月15日　第1刷

編集協力　松崎晴雄
長田 卓（日本酒サービス研究会・酒匠研究会連合会（SSI）理事兼研究室長）
執筆　松崎晴雄 …… P6-15、30-31、66-67、70-94、98-118
高島英治 …… P18-28
長田 卓 …… P34-47、50-53、68-69、96-97
山本真紀 …… P120-122
井上智子 …… P123-124
表紙・撮影　栗林成城 …… P1-3、36-43、48-57、78-94、106-118
撮影　山田 努（サンタクリエイト）…… P4-5、16-17、20-27、32-33、74-75
村上圭一 …… P18-19、95、119、122
尾崎 誠 …… P30-31、72-73
益永研司 …… P34-35、58-59、62-63
前田 真（Demi photographic）…… P60-61、64-65、98-99
佐藤彰展（as-photograph）……P70-71
川口奈津子（grafeel）…… P76-77
赤崎輝政（FLAT）…… P100-101、104-105
武内忠昭（RUFDiP）…… P102-103
北川鉄雄 …… P120-121
井田純代 …… P123
協力　スタジオM／内藤大輔

発行人　大下健太郎
編集　滝澤麻衣（美術出版社）
編集・執筆　杉本多恵（ロッソ・ルビーノ）
アートディレクション+デザイン　夏野秀信、紫藤浩史、大長容子、神林さや香、飯澤彩水（エディグラフィック）
印刷　共同印刷株式会社
発行　株式会社美術出版社
〒102-8026 東京都千代田区五番町 4-5 五番町コスモビル2階
電話／03-3234-2153（営業）03-3234-2156（編集）
振替／00150-9-166700
http://www.bijutsu.co.jp/bss/

本書は2013年9月弊社より刊行の、
別冊ワイナート「日本酒基本ブック」に
加筆・修正したものです。

978-4-568-50586-3 C0070